Jerald Anthony Esteban
Edwin Solilap

Resposta de diferentes milhos brancos ao stress por excesso de humidade no solo

Jerald Anthony Esteban
Edwin Solilap

Resposta de diferentes milhos brancos ao stress por excesso de humidade no solo

ScienciaScripts

Imprint

Cover image: www.ingimage.com

This book is a translation from the original published under ISBN 978-3-330-33289-8.

Publisher:
Sciencia Scripts
is a trademark of
Dodo Books Indian Ocean Ltd. and OmniScriptum S.R.L publishing group

120 High Road, East Finchley, London, N2 9ED, United Kingdom
Str. Armeneasca 28/1, office 1, Chisinau MD-2012, Republic of Moldova, Europe
Managing Directors: Ieva Konstantinova, Victoria Ursu
info@omniscriptum.com

Printed at: see last page
ISBN: 978-620-8-41066-7

DADOS BIOGRÁFICOS

O investigador nasceu em 5 de outubro de 1992 em Purok Sampaguita, Bingcungan, Tagum City, Davao del Norte. É o segundo filho do Sr. Romeo Predes Esteban e da Sra. Jean Casilen Esteban, que vivem atualmente em Purok 2, Baranggay Salvacion, Matalam, North Cotabato.

Concluiu os seus estudos primários na Salvacion Elementary School, Brgy. Salvacion, Matalam, Cotabato do Norte, que completou com êxito em 2005, como Salutatorian. Concluiu o ensino secundário na Escola Secundária de Matalam, Poblacion, Matalam, Cotabato do Norte, em 2009, graduando-se com várias distinções. Desejando continuar a sua formação e tornar-se agricultor, inscreveu-se na Universidade de Southern Mindanao (USM) em Kabacan, Cotabato do Norte, e licenciou-se com sucesso com um Bacharelato em Ciências Agrícolas, com especialização em Melhoramento de Plantas e Genética, em 13 de abril de 2013. Foi contratado como assistente de investigação na Universidade do Sul de Mindanau (USM) no projeto "Conservação e utilização de germoplasma de legumes e orquídeas indígenas de Mindanau", no âmbito do programa da CHED "Aproveitamento do potencial genético e da diversidade dos ecossistemas dos recursos vegetais e animais indígenas para a segurança alimentar e a proteção e conservação do ambiente". Em julho de 2013, fez o exame de admissão de agricultores (LEA) e passou com distinção.

Em novembro de 2013, foi contratado como professor a tempo parcial na Universidade do Sudeste das Filipinas (USeP), Campus Tagum-Mabini, Apokon, cidade de Tagum, Davao del Norte. Uma vez que a aprendizagem é um processo contínuo, continuou os seus estudos na Universidade do Sudeste das Filipinas, Campus Tagum-Mabini, Apokon, Tagum City, e licenciou-se com um Mestrado em Agricultura, com especialização em Agronomia. Em setembro de 2014, obteve o Certificado Nacional em Horticultura (NC Hort. II) na TESDA, Nabunturan, província de Compostela Valley.

JERALD ANTHONY C. ESTEBAN
Investigadores

CONHECIMENTO

O investigador está em dívida para com as seguintes pessoas, que prepararam o caminho para o estudo:

Edwin L. Solilap, orientador da tese, pela sua abordagem paternal, instruções, conselhos úteis, críticas construtivas e sugestões para melhorar o estudo, pelo seu tempo, esforço e paciência desde o início até à revisão do manuscrito.

Dr. Larry V. Aceres, Dr. Cesar A. Limbaga, Jr. e Prof. Reynaldo S. Duran, membros do comité consultivo da tese, pelo seu apoio, sugestões, correcções, encorajamento e por partilharem as suas ideias brilhantes para melhorar o manuscrito.

Ao corpo docente e ao pessoal da Escola de Pós-Graduação em Agricultura e Ciências Aliadas e da Escola de Doutoramento; Prof. Pelicano, Presidente do Departamento de BSA, Dr. Hyde D. Nadela, Presidente da Escola de Doutoramento, Dra. Shirley S. Villanueva, Vice-Presidente dos Assuntos Académicos, Dr.ª Alminda M. Fernandez, Dr.ª Ador R. Picaza, Dr. Ceferino Bastian, Dr.ª Leslie Ubaob, Dr.ª Amparo B. Lacandula, Prof. Ulysses P. Besas, Sr. Jonas A. Bunda, Sr. John Mark Butihen, Sr. Jorge Cabilen, Sr. Dernie Olguera, Sr. Rosalino B. Reto, Sr. Jade Mhar Lavador, Sra. Marites V. Fabon, Merry Ann D. Desucatan e todos os outros não mencionados aqui, pela sua contribuição inteligente e encorajadora para a realização do estudo.

Gostaríamos também de agradecer sinceramente ao Dr. Ireneo P. Amplayo e ao Dr. Hyde D. Nadela pelo seu total apoio e encorajamento na inscrição do investigador no programa de mestrado, e ao Dr. Porferio Bunda pela sua ajuda financeira na inscrição do investigador.

Dr. Cesar A. Limbaga, Jr. pelo seu apoio amável e prestável e pela possibilidade de obter alojamento gratuito para a estadia na universidade.

O Dr. Larry V. Aceres merece também uma menção especial pela sua atitude paternal, instruções, encorajamento e conselhos úteis, que fizeram do investigador uma pessoa melhor.

Para a Davao Trade Exponents, Inc, o Sr. Eiman Rey B. Flores, Gestor de I&D para Projectos e Serviços Especiais, a Sra. Rosario H. Hinosa, Analista de Laboratório, a Sra. Mylen C. Acuevas, Diretora de Laboratório, e Gladys Jaon A. Dela Cerna, assistente de laboratório, pela receção das amostras e pelo aconselhamento na recolha de amostras de folhas e na análise da clorofila total.

Aos seus orientadores de tese de licenciatura; Sr. Racso S. Urcales, Sra. Rose Dian J. Villina, Sr. Harvy B. Desales, Sra. Rechel Ponte, Sra. Rowena M. Tero e Sra. Nedy G. Joy Zamora pela sua participação no estudo, desde a plantação até à recolha de dados, e à Sra. Angelic M. Ligan e ao Sr. Lemuel Orapa, seus antigos conselheiros, pelo seu trabalho pioneiro no estudo da estagnação da água no campus da USeP Mabini.

Aos membros da Alpha Phi Omega 1925 (capítulo Zeta Eta) e da Beta Sigma Alpha 1972 (capítulo Mabini) que ajudaram o investigador na preparação, recolha de dados e partilha de momentos felizes durante o estudo.

Gostaríamos também de estender os nossos agradecimentos especiais à Sra. Katherine P. Baranda, Sr. Yzone Orpiano, Sr. Harold King Arances, Sr. Anthony Libadisos e Sr. Jeric A. Lapeciros.

Aos seus amigos da USM, Kabacan, North Cotabato: Claudine Claire Dasargo, Mychie S. Dequilla, Arlen T. Cabalinan, Grace Joy L. Alolod, Romnick Capada, Romnick Talde, Romnick Madrillo, Etchie Rose Nalzaro e todos os outros não mencionados aqui, pela sua inspiração e encorajamento para completar os seus estudos.

Sir Nolan Lerios e Sir Jerome Elumbaring, a antiga Diretora da Residência Masculina da USM, Sra. Gina Elumbaring, e os seus antigos colegas do Conselho de Administração, que sempre o fizeram feliz, bem como o seu melhor amigo, Patrick F. Dillo, que sempre o fez feliz quando ele não estava bem, o que o inspirou muito a completar o seu estudo de investigação.

À sua família, pelo seu amor incondicional e eterno, pelas suas orações pela sua segurança e boa saúde, e pelo seu apoio moral e financeiro inabalável, que o ajudaram a ultrapassar todas as dificuldades para concluir a sua investigação.

Em primeiro lugar, a investigadora gostaria de expressar os seus sinceros agradecimentos ao Senhor Todo-Poderoso, Alá, pelo seu amor incondicional, orientação e proteção, pelo seu conhecimento, força e bênçãos, pela sua sabedoria, coragem e fé para ultrapassar todas as dificuldades e necessidades.

ÍNDICE DE CONTEÚDOS

RESUMO

ESTEBAN, JERALD ANTHONY C., Universidade do Sudeste das Filipinas, Campus Tagum-Mabini, Apokon, Cidade de Tagum, Província de Davao del Norte, abril de 2016. **RESPOSTA FENOTÍPICA E FISIOLÓGICA DE DIFERENTES GENÓTIPOS DE MILHO SOB EXCESSO DE FACILIDADE DE SOLO NA PRIMAVERA.**

Orientador: EDWIN L. SOLILAP, MSc.

Um abastecimento adequado de água no solo é essencial para o crescimento e o desenvolvimento do milho. As alterações climáticas podem levar a precipitações irregulares, resultando em stress hídrico excessivo ou na estagnação da água. A água estagnada é um dos principais obstáculos a uma agricultura sustentável. Este estudo foi, por conseguinte, realizado para examinar os efeitos de sete dias de estagnação da água em diferentes genótipos de milho branco, para determinar a fase de crescimento sensível que tem um impacto negativo no crescimento do milho e no potencial de rendimento e para identificar as caraterísticas morfológicas do milho que conferem tolerância à estagnação da água.

Foram utilizados cinco genótipos diferentes de milho branco como fator A e estádios de crescimento do milho como fator B. O ensaio foi fatorial, em blocos completos aleatórios (RCBD) e repetido três vezes. As diferenças entre os produtos dos tratamentos foram comparadas a um nível de significância de 5%, utilizando a Diferença Honesta de Significância de Tukey. O estudo foi realizado no local de pesquisa da Faculdade de Agricultura e Ciências Relacionadas, Universidade do Sudeste das Filipinas, Campus Tagum-Mabini, Unidade Mabini, Pindasan, Mabini, Província do Vale de Compostela, Filipinas *(7°* 18' 0" N, 125° 51'0" E) de outubro de 2015 a março de 2016.

Os resultados mostram que os diferentes genótipos e estádios de crescimento do milho branco foram consideravelmente influenciados pela estagnação da água durante sete dias. Os USM Var 14 e 16 obtiveram a maior taxa de sobrevivência e tiveram um maior número de nós com raízes adventícias. Além disso, o desenvolvimento de raízes adventícias foi observado tanto na fase vegetativa como na fase reprodutiva do milho. Isto indica que as raízes adventícias se formam tanto na fase vegetativa como na fase reprodutiva quando a planta é exposta a água estagnada durante sete dias. Além disso, o USM Var 6 apresentou o componente de rendimento mais elevado entre os genótipos de milho. Estes genótipos de milho têm potencial para serem utilizados como material de base para a reprodução em caso de estagnação temporária da água causada por padrões irregulares de precipitação e alterações climáticas.

Entretanto, a fase de esmagamento teve a pontuação visual mais elevada, indicando um menor grau de tolerância e levando a uma menor percentagem de sobrevivência entre as fases de crescimento do milho. Além disso, o menor teor de clorofila foi observado na fase de esmagamento, resultando no menor comprimento da espiga, no menor peso de mil grãos, no menor diâmetro da espiga e no menor número de grãos e fileiras de grãos por espiga. Isto indica que a fase de esmagamento foi a fase mais sensível do milho, reduzindo o crescimento e o desempenho da produção em condições de estagnação da água durante sete dias.

INTRODUÇÃO

O milho (*Zea mays* L.) é cultivado numa vasta gama de zonas agroclimáticas, desde as regiões subtropicais às regiões temperadas mais frias. Por conseguinte, a planta está inevitavelmente exposta a diferentes tipos de factores de stress bióticos e abióticos. Entre os vários factores de stress abiótico, o excesso de humidade no solo (ESM), causado pela estagnação temporária da água devido a precipitação intensa, lençóis freáticos elevados ou textura pesada do solo, é um dos principais constrangimentos à produção e produtividade do milho nas regiões asiáticas (Lone e Warsi, 2009).

Quando o solo está completamente saturado com água, é geralmente referido como água estagnada. Nesta situação, o nível do lençol freático é tão elevado que não permite actividades agrícolas válidas (Sharma e Swarup, 1988). A água estagnada causa uma mudança drástica nas propriedades do solo. Estas alterações no solo têm um impacto negativo na capacidade de uma planta sobreviver em tais situações (Dat et. al., 2004). As plantas que crescem em condições de humidade estagnada são afectadas por uma série de factores de stress. Por exemplo, podem ter falta de nutrientes minerais e ser envenenadas por microelementos (Settler e Waters, 2003).

A água estagnada afecta 10% da superfície terrestre mundial (Setter & Waters, 2003) e é um dos principais constrangimentos à produção agrícola. As perdas de rendimento causadas pela água estagnada podem variar entre 15% e 80%, consoante a espécie de planta, o tipo de solo e a duração da exposição (visão geral de Zhou, 2010).

Nas regiões tropicais, a maior parte das culturas efectuadas durante a estação das chuvas de verão sofrem frequentemente de estagnação temporária ou prolongada da água ou de inundações devidas a irrigação excessiva, tempestades, má drenagem dos solos ou transbordamento dos rios. Quando esta cultura energética é introduzida em campos de arroz massivamente explorados em regiões tropicais e subtropicais, a estagnação da água tem um impacto particularmente significativo na cultura, uma vez que a formação repetida de poças quebra os poros capilares, reduz o volume dos poros, destrói os agregados do solo e dispersa as partículas finas de argila, bem como quando a subida do nível freático e a intensidade da precipitação são acompanhadas por uma evapotranspiração reduzida (Polthanee, 1997).

Só no Sudeste Asiático, as inundações e a estagnação da água afectam cerca de 15% da área total cultivada com milho. O milho sofre sempre muito quando se depara com condições temporárias de GSE durante a monção ou quando é cultivado em arrozais mal drenados que foram transformados após uma colheita de arroz durante a estação das chuvas (Shimizu, 1992).

As consequências da água estagnada levam a alterações desfavoráveis em várias caraterísticas das plantas cultivadas. Embora algumas variedades sejam resistentes à água estagnada, as variedades sensíveis sofrem muitos danos. Dado que uma grande parte da economia do país se baseia em culturas de rendimento, a humidade estagnada pode reduzir o rendimento total das culturas, o que, em última análise, conduz a perdas financeiras. O arroz cresce bem em solos alagados porque tem certas caraterísticas internas que o tornam resistente à água estagnada. Por outro lado, o trigo, o sorgo, o milho, o algodão e outras plantas não crescem eficazmente em condições de humidade estagnada; no entanto, algumas variedades resistentes conseguem crescer nessas condições porque desenvolvem certas modificações que as ajudam a adaptar-se às condições de humidade estagnada (Maryam e Nasreen, 2012).

Nas plantações de monção, é difícil evitar a estagnação da água em qualquer fase do crescimento das plantas, devido à irregularidade da precipitação. O principal efeito da estagnação da água é a falta de oxigénio nas raízes das plantas, resultando numa respiração anaeróbica que não pode fornecer energia suficiente para transportar nutrientes da solução do solo para os rebentos das plantas; em consequência, o crescimento é severamente inibido, levando a uma redução do rendimento. A tolerância dos genótipos de milho a este tipo específico de stress varia consideravelmente e é fortemente influenciada pelo grau de stress e pelo genótipo da planta (Torbert et al., 1993).

É, pois, necessário verificar a adaptabilidade do germoplasma recolhido à estagnação temporária da humidade, identificar as caraterísticas morfológicas que conferem resistência ao excesso de humidade do solo e integrar essas caraterísticas em genótipos bem adaptados, a fim de obter material promissor.

Objetivo do estudo

1. Determinar os efeitos da estagnação da água em diferentes genótipos de milho.
2. Avaliação do estádio de crescimento sensível, que tem um impacto negativo no crescimento e no potencial de rendimento do milho.
3. Identificar as caraterísticas morfológicas do milho que conferem tolerância à humidade estagnada.

REVISÃO DA LITERATURA

Milho

O milho (*Zea mays* L.) é uma planta diploide (2n = 20), monocotiledónea, da família Poaceae (Gramineae), a família das gramíneas. O género compreende quatro espécies: *Z. mays* (milho cultivado e teosinte), *Z. diploperennis* (teosinte perene), *Z. luxurians* e *Z. perennis* (teosinte perene). Destas quatro espécies, apenas *Z. mays* é cultivada comercialmente em grande escala. O parente genérico mais próximo *de Zea* é o *Tripsacum*, que tem sete espécies, três das quais são conhecidas nos Estados Unidos. O Teosinte é encontrado em estado selvagem no México e na Guatemala. O milho cultivado tem 10 pares de cromossomas (*n* = 10). No entanto, foram desenvolvidas plantas com 1 a 8 conjuntos de cromossomas para diversos fins.

O milho é uma das plantas que tem sido objeto de estudos genéticos em grande escala. Foram identificadas centenas de mutações no milho, que afectam caraterísticas como a altura da planta, as propriedades do endosperma, a cor da planta, a resistência a insectos, a resistência a doenças, a resistência do caule e muitas outras. O milho é também altamente adaptável em termos geográficos. É cultivado desde 58° de latitude norte até 35-45° de latitude norte. É cultivado abaixo do nível do mar até 4.000 metros. O milho está adaptado a temperaturas quentes.

O milho (*Zea mays* L.) é cultivado numa vasta gama de zonas agroclimáticas, desde as regiões subtropicais às regiões temperadas mais frias. Por conseguinte, a planta está inevitavelmente exposta a diferentes tipos de factores de stress bióticos e abióticos. Entre os vários factores de stress abiótico, o excesso de humidade do solo (ESM), causado pela estagnação temporária da água devido a precipitação intensa, lençóis freáticos elevados ou textura pesada do solo, é uma das principais restrições ao cultivo e à produtividade do milho nas regiões asiáticas (Lone e Warsi, 2009).

Água estagnada

Quando o solo está completamente saturado com água, é geralmente referido como água estagnada. Nesta situação, o nível do lençol freático é tão elevado que não permite qualquer atividade agrícola adequada (Sharma e Swarup, 1988). Mais de um terço das regiões irrigadas do mundo sofrem de estagnação irregular ou recorrente da água (Donmann e Houston, 1967). A água estagnada causa uma mudança drástica nas propriedades do solo. Estas modificações do solo têm um efeito negativo sobre a capacidade de sobrevivência de uma planta que, nestas situações, desenvolve aerênquima e raízes adventícias (Dat, 2004). Para além disso, as consequências da estagnação da água levam a alterações desfavoráveis em várias caraterísticas das plantas cultivadas. Algumas variedades, no entanto, são resistentes à estagnação da água, enquanto as variedades sensíveis sofrem muitos danos. Dado que uma grande parte da economia do país se baseia nas culturas, a estagnação da água pode reduzir o rendimento global das culturas e, em última análise, levar a perdas financeiras.

A definição agronómica de tolerância ao encharcamento é a manutenção de rendimentos de grãos relativamente elevados em condições de encharcamento em comparação com condições de não encharcamento (Setter & Waters, 2003). Como resultado, muitos índices baseados no fenótipo têm sido utilizados tanto em estudos genéticos (Parelle et al., 2010) como em programas de melhoramento (Zhou, 2010).

Por outro lado, o trigo, o sorgo, o milho, o algodão e outras plantas não crescem eficazmente em condições de humidade estagnada; no entanto, algumas variedades resistentes são capazes de crescer nessas condições, uma vez que desenvolvem certas modificações que as ajudam a adaptar-se às condições de humidade estagnada.

Propriedades das plantas afectadas pela água estagnada

Morfologicamente

A consequência mais desagradável da estagnação da água é a hipoxia, ou seja, a falta de oxigénio, ou a anoxia, ou seja, a falta total de oxigénio no ambiente do solo, que reduz o crescimento, inibe os processos metabólicos e, em última análise, reduz o rendimento do trigo (Hossain e Uddin, 2011).

Em caso de estagnação da humidade, a taxa de transpiração também é afetada, a menos que as raízes do trigo retomem a sua atividade normal, ou seja, quando as condições aeróbias regressam ou se adaptam ao ambiente anaeróbico. No entanto, a estagnação prolongada da água conduz à morte das raízes. A água estagnada também limita a absorção de nutrientes pelo trigo, reduzindo a transpiração e limitando a função das raízes (Dong, Yu e Yu, 1983).

A humidade estagnada impede o crescimento do sorgo e causa danos permanentes. O grau de inclinação varia de uma espécie para outra (Clifford e Henson, 1957). A humidade estagnada impede o crescimento dos rebentos, o aumento da massa seca e o esgotamento final. A humidade estagnada reduz significativamente as raízes noduladas, bem como o comprimento da raiz mais longa e a raiz resultante (Bhan, 1977). A humidade estagnada provoca o desprendimento das folhas, a flacidez, a redução da nodulação e a rotação das folhas (Bughwat, Sandhya e Gyatri, 1986). No entanto, apenas o arroz cultivado é capaz de germinar em condições em que o oxigénio é limitado ou inexistente, pelo que serve como planta representativa de uma adaptação adequada à anoxia (ausência de oxigénio) (Vartapetian, Andreeva e Nuritdinov, 1978). Estas adaptações consistem no alongamento dos coleóptilos; quando expostos a um estado hipóxico, desenvolvem raízes adventícias espessas, o número de raízes adventícias também aumenta, em condições ricas em oxigénio e inundadas, o crescimento das raízes superficiais aumenta, a superfície foliar aumenta e o comprimento relativo das raízes e dos caules diminui. A água estagnada também reduz o rendimento do milho. Outras alterações causadas pela água estagnada no milho incluem a redução do crescimento das folhas e das raízes (Jensen, Stolzy e Letey, 1967). Os resultados do estudo de Promkhambut et al (2010) também mostram que a humidade estagnada reduz significativamente o número de raízes nodais (NR), o comprimento da raiz mais longa e o peso seco da raiz resultante, em comparação com as plantas de controlo.

A formação de aerênquima e o desenvolvimento de raízes laterais estão diretamente ligados à capacidade superior de uma planta para se adaptar a condições anóxicas (Colmer & Voesenek, 2009) e, por conseguinte, têm sido utilizados no mapeamento de QTL (Mano et al., 2007; Mano & Omori, 2008, 2009). No entanto, parece que mesmo uma caraterística relativamente simples como a formação de aerênquima é mapeada por pelo menos quatro

QTL em três cromossomas diferentes (Mano et al., 2007); estes QTL explicaram < 50% da variação fenotípica na planta em condições de humidade estagnada.

Anatómico

O aparecimento de raízes adventícias tem sido observado como uma reação geral das espécies tolerantes. Estas raízes adventícias têm uma maior porosidade e ajudam as plantas a retomar a absorção de água e de nutrientes em caso de estagnação da água (Kozlowski e Pallardy, 1984). A ação combinada do etileno e da auxina é essencial para estimular o desenvolvimento das raízes adventícias (McNamara e Mitchell, 1989), enquanto as raízes das sementes não se desenvolvem (Trought e Drew, 1980).

Alguns genótipos de trigo têm raízes nodais e adventícias que iniciam a formação de aerênquima no trigo. Os aerênquimas são canais cheios de gás que transportam oxigénio das folhas para as raízes em caso de fornecimento limitado de oxigénio durante a estagnação da água, a fim de realizar a respiração das raízes. A formação de aerênquima ocorre quando a temperatura é elevada ou aumenta até um certo grau (Cao et. al., 1995). Por outro lado, alguns estudos indicam que a percentagem de aerênquima não é significativamente aumentada pelo arejamento quando a região da raiz é pobre em oxigénio (Jackson e Drew, 1984). Consequentemente, o aumento da percentagem de aerênquima depende da variedade de arroz e do período de crescimento da planta (Butterbach-Bahl et. at., 2000).

O desenvolvimento de raízes adventícias ou de raízes nodais é considerado como a principal aclimatação das raízes em caso de estagnação da água ou de inundação (Changdee et al., 2009). No entanto, Van Noordwijk e Brouwer (1993) indicaram que as raízes mais desenvolvidas podem ser menos capazes de se adaptar morfologicamente sob stress (por exemplo, desenvolvendo aerênquima). Os espaços de aerênquima relativamente grandes encontrados na cv Wray em comparação com a cv SP1 num ensaio anterior podem apoiar o conceito acima referido (Promkhambut et al., 2010).

Fisiológico

Em caso de anoxia, a fosforilação oxidativa das mitocôndrias é interrompida; as células sofrem inevitavelmente uma fermentação anaeróbica, substituindo o ciclo de Krebs para satisfazer as necessidades de adenosina trifosfato (ATP) das células (Davies, 1980). Durante a fermentação alcoólica, a hormona antidiurética (ADH) é responsável pelo reprocessamento da nicotinamida adenina dinucleótido (NAD) necessária para a continuação da glicólise (Saglio et al, 1980). A estimulação da formação de ADH, que acompanha a produção de etanol, foi tida em conta na distinção entre plantas tolerantes e não tolerantes a inundações (Crawford, 1967). Foi demonstrado um aumento da atividade da ADH e da produção de etanol durante a anaerobiose em plantas tolerantes a inundações (Avadhani et. al., 1978). A atividade da ADH foi relacionada, em valor absoluto, com a extensão dos danos causados pelas cheias em diferentes genótipos (Francis et al., 1974) e, em comparação com as espécies tolerantes, outras variedades foram menos tolerantes às cheias e apresentaram uma elevada produção de etanol (Barta, 1984).

Uma diminuição da taxa de fotossíntese e uma redução das trocas gasosas nas folhas são também caraterísticas da estagnação da água no sorgo. A intensidade aumenta com a duração da estagnação da água (Promkhambut et. al., 2010). As espécies de sorgo são muito sensíveis à estagnação da água, particularmente as sementes em germinação, ou seja, as plântulas não têm oxigénio suficiente devido à estagnação da água (Orchard e Jessop, 1984). Devido à falta de oxigénio, a respiração e a cadeia de transporte de electrões são inibidas, o que também leva a uma queda na taxa de produção de ATP no sorgo. A permeabilidade da membrana do sorgo aumenta quando a taxa de produção de ATP diminui devido à falta de oxigénio. A absorção de nutrientes e a taxa de fotossíntese também são reduzidas nas plantas de milho (Jensen et al., 1967). No algodão, a humidade estagnada leva a uma redução da condução estomática, do potencial foliar e da taxa de fotossíntese (Meyer et al., 1987). A humidade estagnada pode também acelerar a senescência das folhas e das raízes. No caso do algodão, a humidade estagnada também modifica os nutrientes disponíveis de diferentes formas (Orchard e Jessop, 1985).

Bioquímica

A regulação hormonal depende de um aumento da quantidade de etileno que interage com as giberelinas e as auxinas (Cookson e Osborne, 1978). As auxinas e as giberelinas são fundamentais para a atividade do etileno e desempenham um papel mais ativador do que regulador. O fluxo de gás na planta é impedido, resultando numa baixa pressão parcial de oxigénio. Esta baixa pressão parcial desencadeia a síntese de etileno, aumentando a atividade da sintase do ácido 1-aminociclopropano-1-carboxílico (ACC), que aumenta ainda mais a quantidade de etileno no caule (Pearce et al., 1992). O efeito da estagnação da água é estimular a produção de certas hormonas vegetais no trigo. Em condições anaeróbicas, estas hormonas são libertadas em maior quantidade pelas raízes e influenciam muito provavelmente as reacções das raízes e das folhas. As raízes e os microrganismos em solos saturados de água produzem normalmente etileno. A atividade hormonal do etileno libertado em humidade estagnada é de grande interesse. A água bloqueia o etileno produzido nas raízes e noutros tecidos e também impede a sua libertação. Sabe-se que o etileno não promove ou desencadeia a senescência das folhas (Dong et al., 1983). No sorgo, a senescência é atrasada por citocininas endógenas e a síntese de proteínas é favorecida para promover o estabelecimento da planta, ou seja, *Sorghum bicolor* L. (Bughwat et. al., 1986).

Perata et al (1992) descreveram que as sementes de arroz em germinação eram capazes de degradar o amido acumulado em anoxia, enquanto as sementes de trigo não germinavam e não eram capazes de degradar o amido. Esta diferença de comportamento deve-se à introdução bem sucedida da a-amilase em anoxia nas sementes de arroz, mas não nas sementes de trigo. Supõe-se que o amido acumulado nas raízes é simplesmente acumulado pela inundação e fornece açúcar para o metabolismo anaeróbico nas raízes. A acumulação de hidratos de carbono não estruturais (NSC) em condições de inundação foi bem estudada no trigo (Barrett-Lennard et. al., 1988). Quando inundado, os CNE acumulam-se em todas as partes da planta (Sparrow e Uren, 1987). A acumulação de amido foi observada nas folhas de um grande número de plantas com humidade estagnada, por exemplo em *H. annuus*. A acumulação de amido nas folhas durante a hipoxia radicular é atribuída a uma redução na transferência de hidratos de carbono das folhas para as raízes (Barta, 1984), bem como a um atraso no crescimento e a uma redução na atividade metabólica das raízes, o que, com efeito, leva a uma redução da necessidade de hidratos de carbono (Wample e Davis, 1983).

Ashraf et al (2011) referiram que a aplicação exógena de potássio no solo e a pulverização foliar atenuaram os efeitos adversos da estagnação da água nas plantas de algodão. Do mesmo modo, Ashraf e Rehman (1999) referiram que a aplicação de nitrato no solo foi útil para atenuar os efeitos adversos do encharcamento em várias caraterísticas fisiológicas do milho. Do mesmo modo, Yiu et al (2009) verificaram que a aplicação exógena de espermidina e espermidina induziu várias adaptações bioquímicas e fisiológicas nas cebolas quando sujeitas a stress de inundação. Neste contexto, a aplicação exógena de uniconazol também tem sido útil para contornar os efeitos adversos do alagamento no trigo e na colza (Webb e Fletcher, 1996; Zhou et al., 1997). Por conseguinte, a utilização destes compostos orgânicos e inorgânicos constitui uma excelente plataforma para induzir a tolerância ao stress causado pelas inundações. Além disso, a aplicação exógena destes nutrientes ou de outras hormonas vegetais pode ser utilizada para atenuar os efeitos adversos do encharcamento (Ashraf, 2012).

Variação genética para tolerância à humidade estagnada

Nas plantas sujeitas a água estagnada, a expressão de uma série de genes é acentuadamente aumentada e/ou reduzida. Ao estudar a expressão induzida destes genes num ambiente pobre em oxigénio, é possível identificar certos produtos genéticos. Estes potenciais genes responsáveis pela tolerância à água estagnada podem então ser isolados e introduzidos em plantas transgénicas para determinar a sua possível contribuição para a tolerância ao stress. ^{35}Os primeiros estudos que utilizaram a marcação isotópica de raízes de milho com S-metionina indicaram claramente a síntese de polipéptidos anaeróbios quando as plantas foram expostas a um ambiente pobre em oxigénio (Sachs et al., 1980). Os polipéptidos anaeróbios incluem enzimas envolvidas na fermentação, nomeadamente o piruvato descarboxilato, a álcool desidrogenase e a lactato desidrogenase.

Além disso, os recursos genéticos das culturas potenciais para a tolerância às inundações variam consideravelmente. Por exemplo, a literatura refere frequentemente a existência de diferenças genéticas no trigo no que respeita à tolerância à água parada

(Gradner e Flood, 1993; Ding e Musgrave, 1995). Setter et al (1999) mostraram que existe uma diversidade genética significativa entre 14 variedades de trigo quando sujeitas a stress de inundação em condições de estufa. Foi observada uma diversidade genética semelhante em muitas outras espécies de plantas, como a aveia (Lemons e Silva et al., 2003), o pepino (Yeboah et al., 2008), a soja (VanToai et al., 1994) e o milho (Anjus e Silva et al., 2005).

MATERIAIS E MÉTODOS

Localização e duração do estudo

O ensaio foi realizado de novembro de 2015 a março de 2016 no local de investigação da Faculdade de Agricultura e Ciências Afins, Universidade do Sudeste das Filipinas, Campus Tagum-Mabini, Unidade Mabini, Pindasan, Mabini, Província do Vale de Compostela, Filipinas.

Estrutura da experiência e tratamentos

O estudo baseou-se num desenho fatorial, denominado Randomized Complete Block Design (RCBD) com genótipos de milho como fator A e estádios de crescimento como fator B e repetido três vezes. Os pormenores do tratamento e a descrição dos genótipos foram os seguintes

Fator A - Genótipos de milho	Fator B - Fases da colheita em caso de humidade estagnada
V1- USM Var 6	T1- Sem estagnação de água
V2- USM Var 14	T2- Estágio de crescimento vegetativo (16-23 DAP)
V3- USM Var 16	T3- Estágio de crescimento vegetativo (28- 35 DAP)
V4- USM Var 22	T4- Estádio de crescimento reprodutivo (espirais)
V5- USM Var 24	T5- Estádio de crescimento reprodutivo (silagem)

USM Var 6 - O potencial de rendimento é de 5,96 toneladas por hectare com um tipo de grão que varia de Semiflint a Flint. A altura da planta é de 205 cm com uma altura de espiga de 94 cm. Cinquenta (50) dias após o plantio, a seda aparece e o período de maturação é entre 90 e 95 dias após o plantio e foi lançado em 1990.

USM Var 14 - O potencial de rendimento é de 5,5 toneladas por hectare com um tipo de grão semi-fino. A altura da planta é de 214 cm e a altura da espiga é de 105 cm. Os dias para silagem são 50 dias após a plantação, com um período de maturação de 95 a 100 dias e foi lançado em 2001.

USM Var 16 - O período de maturação é de 101 dias após a plantação e os dias para ensilagem são 50 dias após a plantação. A altura da espiga é de 103 cm para uma altura de planta de 211 cm. O potencial de rendimento é de 6 toneladas por hectare com um núcleo semi-fino e foi lançado em 2007.

USM Var 22 - O potencial de rendimento é de 5,97 toneladas por hectare com um tipo de grão que varia de Semiflint a Flint. A altura da planta é de 238,8 cm e a altura da espiga é de 120,4 cm. Os dias de silagem são 50 dias após o plantio e o período de maturação é entre 100 e 105 dias após o plantio e foi lançado em 2007.

USM Var 24 - O potencial de rendimento é de 6 toneladas por hectare com o tipo de grão dente-de-leão. A altura da planta é de 187 cm, com uma altura de espiga de 95 cm. O tempo de ensilagem é de 50 dias após a plantação e o tempo de maturação é de 101 dias. Em 2007 foi lançado.

Materiais

Os materiais utilizados neste estudo foram os seguintes: diferentes genótipos de milho (OPV), balde de plástico (30 x 30 cm), terra de jardim, água, desparasitante, pá, pá, garfo manual, ancinho manual, régua, calibrador, paquímetro, biros, balança automática, lápis e caderno de protocolo.

Amostragem e análise do solo

As amostras de solo foram colhidas aleatoriamente no sítio experimental. O solo foi seco ao ar e transformado em pó. As amostras secas ao ar foram enviadas para o gabinete de solos do Departamento de Agricultura em Agdao, cidade de Davao, Filipinas.

Meios de cultura

Os diferentes genótipos de milho foram plantados em vasos de plástico (30 x 30 cm) contendo terra de jardim comum com vermiculite. O solo foi primeiro peneirado através de uma peneira de malha fina (2x 2 cm) para remover pedras, seixos e outros materiais que impediam o crescimento adequado das plantas, e a mesma quantidade (18 kg) de solo foi pesada nos vasos para obter o mesmo nível de humidade em cada vaso.

Tratamento das plantas experimentais

Os diferentes genótipos de milho foram imersos durante sete dias em diferentes estádios de crescimento, mantendo-se o nível da água a três centímetros acima da base superior da planta. Quando a água ficou estagnada, foi drenada dos vasos.

Gestão das culturas

Plantação

As sementes dos diferentes genótipos de milho foram plantadas em vasos de polietileno com terra normal de jardim.

Fertilização

Com base nos resultados da análise do solo, as plantas foram fertilizadas em conformidade. A totalidade do fósforo e do potássio e metade do azoto total foram aplicados como fertilização de base, sendo o restante azoto aplicado em duas partes iguais na fase do joelho (DAP) e na fase de floração (DAP).

Arrancar ervas daninhas

Assim que as ervas daninhas apareciam, eram mondadas à mão.

Irrigação

O milho foi bem regado. A rega foi efectuada 2 ou 3 vezes por semana ou conforme necessário.

Controlo de pragas

Os pesticidas foram utilizados entre os 25 e os 30 DAP para controlar as pragas do milho.

Colheita

A colheita foi efectuada quando o milho atingiu a maturidade fisiológica e foi feita à mão.

Marcação

Todas as plantas tratadas foram equipadas com etiquetas individuais de plástico rígido, indicando o tratamento e os genótipos de milho.

Dados recolhidos

Percentagem de sobrevivência

Para isso, contámos o número de plantas que sobreviveram após sete dias de humidade estagnada para os diferentes genótipos de milho, utilizando a fórmula

$$\text{Percentagem de sobrevivência} = \frac{\text{Número de plantas sobreviventes}}{\text{Número total de plantas}} \times 100$$

Danos visuais nas folhas

As plantas de milho foram examinadas quanto a danos visuais utilizando um sistema de avaliação especialmente desenvolvido para a humidade estagnada (Malachy T. Campbell, et, al, 2015). A folha mais velha (folha 1), a folha intermédia (folha 2) e a folha mais recente (folha 3) de diferentes genótipos de milho foram utilizadas para avaliação visual após sete dias de estagnação em diferentes genótipos de milho. A escala de classificação variou de 0 a 10, com valores mais baixos correspondendo a uma maior tolerância com base na fenotipagem visual (Figura 1).

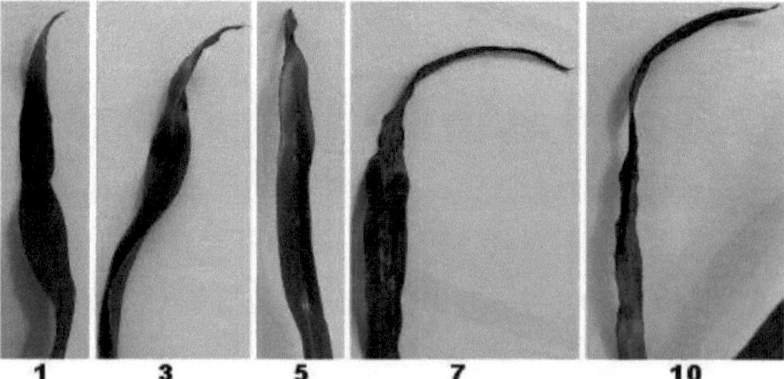

Figura 1: Resumo gráfico do sistema de avaliação visual utilizado para a avaliação fenotípica da submersão e da senescência induzida pelo escuro (Malachy T. Campbell, et, al, 2015).

Comprimento da raiz nodal

Vinte dias após a estagnação da água (DAW), três plantas foram colhidas de forma destrutiva. O comprimento da raiz nodal mais longa foi medido em centímetros (cm) com uma régua (Mcfarlane et al., 2004).

Número da raiz do nó

Vinte dias após a estagnação da água, três plantas foram colhidas de forma destrutiva. O número total de nós radiculares foi registado (Mcfarlane et al., 2004).

Número de nós com raízes adventícias

Vinte DAWs e três plantas foram colhidas de forma destrutiva. O número total de nós com raízes adventícias foi contado (Mcfarlaneet al., 2004).

Altura da planta

A altura das plantas foi determinada medindo 10 plantas de amostra por tratamento e por genótipo. Foi medida em centímetros da base até à parte superior da folha. A medição foi efectuada antes do final do estudo.

Comprimento da orelha

O comprimento da espiga foi determinado medindo 10 plantas de amostra por tratamento e por genótipo. Foi expresso em centímetros (cm) utilizando uma régua.

Peso de mil sementes

As 1000 sementes foram retiradas ao acaso das 10 espigas de amostragem por tratamento e por genótipo. As sementes foram pesadas e expressas em gramas (g).

Diâmetro da orelha

Para o efeito, o diâmetro mais largo de cada uma das dez espigas escolhidas ao acaso foi medido com um paquímetro e indicado em centímetros (cm).

Número de sementes por espiga

Foi contado o número total de sementes por espiga. Foram colhidas aleatoriamente dez amostras de uma espiga.

Número de linhas de sementes por espiga

Este valor foi determinado pela contagem das filas de sementes por espiga. Foram selecionadas aleatoriamente dez amostras de espigas.

Peso da orelha

O peso da espiga foi determinado após a colheita, medindo o peso fresco de 10 espigas selecionadas aleatoriamente por tratamento e genótipo.

Clorofila total

A clorofila total de diferentes genótipos de milho branco foi recolhida da folha mais recente e completamente desenvolvida de 10 plantas de amostra às 14:00-15:00. As amostras foram entregues no Laboratório de Análise do Solo, Highland Banana Corp. Compound, Giuanga, Tugbok Dist, Davao City, para análise laboratorial e são expressas em mg/g FP (peso fresco).

Documentação

Para apoiar os resultados do ensaio, foram tiradas fotografias de diferentes genótipos de milho expostos a água parada.

Ferramentas estatísticas e análise de dados

Todos os dados recolhidos foram avaliados através da análise de variância (ANOVA). As diferenças significativas entre as médias dos tratamentos foram determinadas utilizando o método da diferença significativa honesta (HSD). Os parâmetros de crescimento e rendimento foram correlacionados utilizando a correlação de Pearson.

RESULTADOS E DISCUSSÃO

Percentagem de sobrevivência

O quadro 1 apresenta dados sobre a percentagem de sobrevivência dos diferentes genótipos de milho branco sujeitos a stress hídrico excessivo. A análise de variância (ANOVA) (Quadro 1b do Apêndice) revelou diferenças significativas entre os diferentes estádios de crescimento e genótipos de milho branco sob sete dias de humidade estagnada.

A estagnação da água durante sete dias influenciou a taxa de sobrevivência dos diferentes genótipos de milho branco. A variedade USM 14 obteve a maior taxa de sobrevivência, com uma média de 93,78%, seguida da variedade USM 16. No entanto, a variedade USM 24 obteve a menor percentagem de sobrevivência (69,45%) entre os genótipos de milho branco (Figura 2). O resultado mostra que a variedade USM 14 foi capaz de sobreviver porque tinha raízes nodais mais longas, o maior número de raízes nodais e nós com raízes adventícias que ajudaram o milho a sobreviver durante sete dias sob água estagnada. Além disso, a USM Var 14 e a USM Var 16 apresentaram os valores visuais mais baixos em comparação com os outros genótipos de milho (folha 1, folha 2 e folha 3), indicando uma maior tolerância ao alagamento. Este facto é consistente com os resultados de Purvis e Williamson (1972), que referiram que as plantas podem ser capazes de sobreviver a um ambiente inundado aumentando o número das suas raízes adventícias. No entanto, mesmo que a inundação não mate as plantas, pode ter um efeito negativo a longo prazo no seu desempenho (Lauer, 2008). Além disso, a tolerância dos genótipos de milho a este tipo específico de stress é altamente variável e depende fortemente do grau de stress e do genótipo da planta (Torbert et al., 1993).

Além disso, a percentagem de sobrevivência dos genótipos de milho branco também é influenciada pelo excesso de stress hídrico em diferentes fases de crescimento. A percentagem de sobrevivência mais baixa entre os estádios de crescimento dos genótipos de milho branco foi obtida no estádio de rebento (Figura 3). O resultado mostra que, entre os estádios de crescimento, o estádio de rebento é o mais sensível quando exposto a humidade estagnada durante sete dias (Figura 4). Os danos visuais nas folhas 1, 2 e 3 no estádio de rebentação foram avaliados como os mais elevados em comparação com os outros estádios de crescimento, representando um menor grau de tolerância à sobrevivência. Além disso, foi observada uma correlação positiva com a clorofila total.

Quadro 1: Percentagem de sobrevivência de diferentes genótipos de milho sob stress de humidade excessiva do solo.

Growth Stages	Genotypes USM var. 6	USM var. 14	USM var. 16	USM var. 22	USM var. 24	Mean
No Waterlogged	100.00	100.00	100.00	100.00	100.00	100.00[a]
VGS (16-23 DAP)	86.67	100.00	100.00	100.00	69.44	91.22[b]
VGS (28-35 DAP)	90.00	100.00	100.00	100.00	58.34	89.67[b]
Tasseling Stage	63.33	82.22	77.78	33.33	44.47	60.22[d]
Silking Stage	70.00	86.67	80.00	57.78	75.00	73.89[c]
Mean	82.00[b]	93.78[a]	91.56[a]	78.22[b]	69.45[c]	

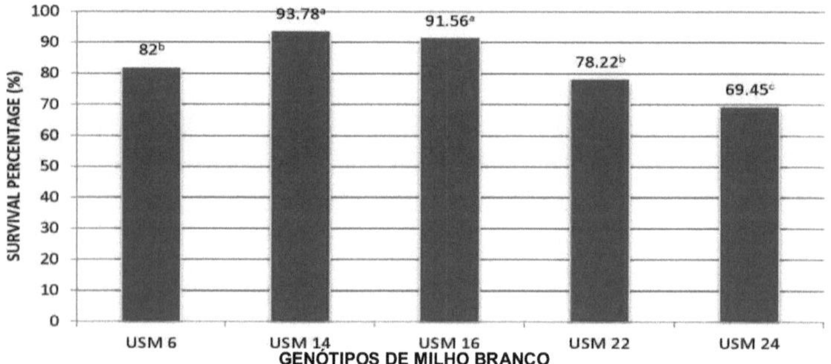

Figura 2: Percentagem de sobrevivência de diferentes genótipos de milho branco sob stress hídrico excessivo no solo.

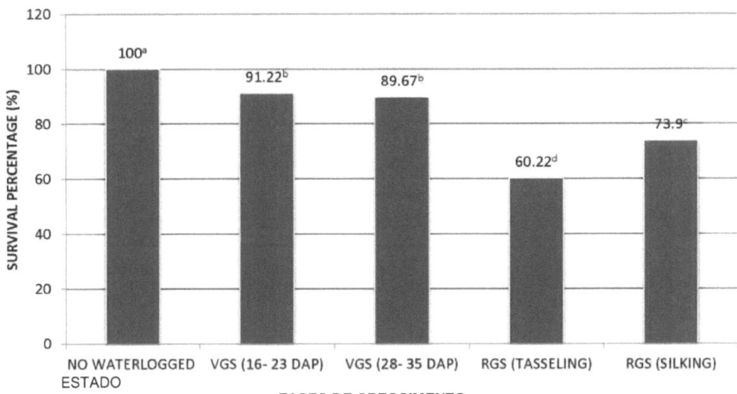

Figura 3: Efeitos da estagnação da água durante sete dias na percentagem de sobrevivência em diferentes fases de crescimento de genótipos de milho branco.

Figura 4: Efeitos da exposição a água estagnada durante sete dias na fase de crescimento dos rebentos.

Danos visuais nas folhas

As Tabelas 2a, 2b e 2c apresentam dados sobre danos visuais nas folhas (folha 1, folha 2 e folha 3) para diferentes genótipos de milho branco submetidos a stress hídrico excessivo. A ANOVA (Apêndice Quadro 2a, Apêndice Quadro 2c e Apêndice Quadro 2e) mostrou diferenças altamente significativas para os danos visuais nas folhas em diferentes estádios de crescimento e para os genótipos de milho branco submetidos a condições de humidade estagnada durante sete dias.

A USM Var 16 obteve os menores danos visuais nas folhas 1 e 2, com uma média de 5,25 e 3,16, respetivamente. Na folha 3, a USM Var 6 obteve o menor dano visual, seguida da USM Var 16. No entanto, a USM Var 6 obteve o maior dano visual na folha 1, seguida da USM Var 24 (Figura 5). Nas folhas 2 e 3, a USM Var 24 apresentou o maior dano visual. Os resultados mostraram que a USM Var. 16 apresentou os menores danos visuais, mesmo quando exposta a humidade estagnada durante sete dias. Com base na fenotipagem visual, a USM Var. 16 mostrou maior tolerância à humidade estacionária em comparação com outros genótipos de milho. Por outro lado, a USM Var 24 teve a pontuação mais elevada para danos visuais, indicando uma menor tolerância e, por conseguinte, uma menor probabilidade de sobrevivência. Este resultado implica, portanto, que uma avaliação visual mais baixa aumenta as hipóteses de sobrevivência à humidade permanente.

Os danos nas folhas (folha 1, folha 2 e folha 3) em genótipos de milho branco são influenciados pelo excesso de stress hídrico em diferentes fases de crescimento. Os danos na folha 1, folha 2 e folha 3 foram mais elevados durante a fase de germinação e ensilagem, em comparação com outras fases de crescimento (Figura 6). Isto mostra que a fase de esmagamento e de ensilagem é suscetível quando sujeita a um stress excessivo de humidade no solo, resultando numa percentagem reduzida de sobrevivência (Figura 6). Além disso, parece que a avaliação visual foi significativa e negativamente correlacionada com a percentagem de sobrevivência. Muitos índices baseados no fenótipo têm sido utilizados tanto em estudos genéticos (Parelle et al., 2010) como em programas de melhoramento (Zhou, 2010). No entanto, os principais

Os métodos utilizados são índices baseados na clorose foliar (Hamachi, et. at., 1990) e na germinação (Hamachi, et. at., 1990).
capacidade (Takeda, e Fukuyama, 1987).

Tabela 2a. Avaliação visual da folha 1 de diferentes genótipos de milho submetidos a stress hídrico excessivo no solo

Growth Stages	Genotypes USM var. 6	USM var. 14	USM var. 16	USM var. 22	USM var. 24	Mean
No Waterlogged	0.00	0.00	0.00	0.00	0.00	0.00[a]
VGS (16-23 DAP)	9.20	4.17	4.60	3.87	7.87	5.94[b]
VGS (28-35 DAP)	9.90	5.42	4.87	6.63	8.30	7.02[c]
Tasseling Stage	9.30	10.00	8.03	9.57	8.33	9.05[d]
Silking Stage	9.40	9.82	8.73	10.00	8.87	9.36[d]
Mean	7.56[d]	5.89[b]	5.25[a]	5.24[b]	6.67[c]	

Tabela 2b. Avaliação visual da folha 2 de diferentes genótipos de milho sujeitos a stress hídrico excessivo no solo

Growth Stages	Genotypes USM var. 6	USM var. 14	USM var. 16	USM var. 22	USM var. 24	Mean
No Waterlogged	0.00	0.00	0.00	0.00	0.00	0.00[a]
VGS (16-23 DAP)	5.80	1.50	0.37	0.67	6.37	2.89[b]
VGS (28-35 DAP)	6.20	1.44	1.23	2.13	6.00	3.40[b]
Tasseling Stage	6.47	8.69	6.83	6.93	7.17	7.22[c]
Silking Stage	6.87	8.05	7.37	9.53	7.30	7.82[c]
Mean	5.06[c]	3.88[b]	3.16[a]	3.85[ab]	5.37[c]	

Tabela 2c. Avaliação visual da folha 3 de diferentes genótipos de milho sujeitos a stress hídrico excessivo no solo

Growth Stages	Genotypes USM var. 6	USM var. 14	USM var. 16	USM var. 22	USM var. 24	Mean
No Waterlogged	0.00	0.00	0.00	0.00	0.00	0.00[a]
VGS (16-23 DAP)	0.60	0.33	0.00	0.07	3.40	0.88[ab]
VGS (28-35 DAP)	0.93	0.16	0.13	0.50	3.33	1.01[b]
Tasseling Stage	1.67	6.44	4.57	4.33	3.00	4.42[c]
Silking Stage	2.20	5.22	5.80	8.03	4.77	5.20[c]
Mean	1.08[a]	2.45[bc]	2.10[b]	2.59[bc]	2.59[c]	

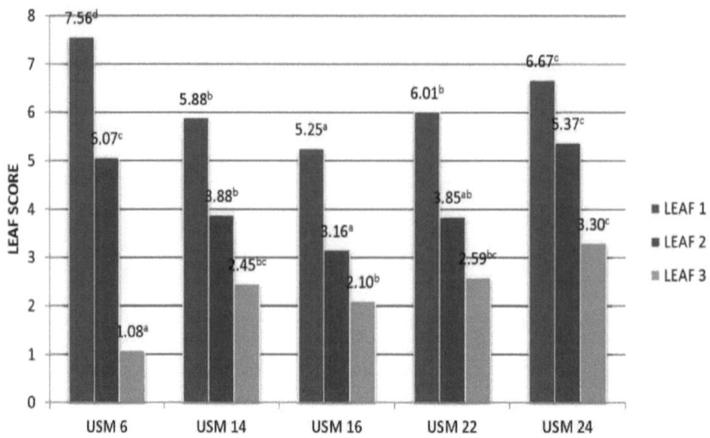

Figura 5: Efeitos da água parada durante sete dias nas folhas de diferentes genótipos de milho branco.

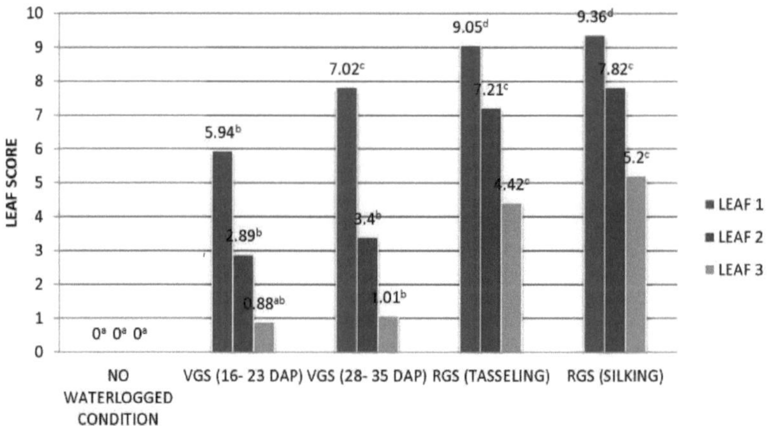

Figura 6: Efeitos da estagnação da água durante sete dias nas folhas de diferentes estádios de crescimento de genótipos de milho branco.

As plantas foram avaliadas numa escala de 0 a 10, com um valor de 0 a indicar que não há danos visíveis e um valor de 10 a significar senescência completa. Os valores são apresentados para as folhas 1 a 3 (1: folha mais antiga, 3: folha mais recente). A ausência de gráfico de barras significa que não há senescência ou outros danos causados pela inundação.

Comprimento da raiz nodal

O quadro 3 apresenta dados sobre o comprimento da raiz mais longa dos diferentes genótipos de milho branco sujeitos a stress hídrico excessivo. A ANOVA (anexo, quadro 3a) mostra diferenças altamente significativas no número de raízes nodais de diferentes estádios de crescimento e genótipos de milho branco sob sete dias de humidade estagnada.

O resultado mostra que a USM Var 14 obteve a raiz nodal mais longa em comparação com os outros genótipos de milho. O comprimento das raízes nodais dos diferentes genótipos de milho branco foi influenciado pela humidade estagnada. Os resultados mostram que o comprimento da raiz nodal diminuiu na presença de humidade estagnada. Além disso, o comprimento da raiz nodal mais longa foi positivamente correlacionado com a percentagem de sobrevivência. Um resultado semelhante foi observado por Armstrong (1979), que verificou que o comprimento final das raízes adventícias do sorgo era limitado. Além disso, o resultado está de acordo com Maryam e Nasreen (2012), segundo os quais a estagnação prolongada da água conduz à morte das raízes. A água estagnada também limita a absorção de nutrientes pelo trigo, reduzindo a transpiração e limitando a função das raízes.

Quadro 3: Comprimento da raiz nodal (cm) de diferentes genótipos de milho sujeitos a stress excessivo de humidade no solo.

	Genotypes					
Growth Stages	USM var. 6	USM var. 14	USM var. 16	USM var. 22	USM var. 24	Mean
No Waterlogged	77.78	67.67	55.33	45.33	78.81	69.01^{a}
VGS (16-23 DAP)	62.89	68.99	41.33	59.33	59.99	58.51^{b}
VGS (28-35 DAP)	43.00	52.95	27.00	52.88	57.00	46.57^{c}
Tasseling Stage	32.67	26.67	42.00	27.11	46.11	37.31^{d}
Silking Stage	34.56	43.78	52.00	40.55	42.33	42.64^{cd}
Mean	50.18^{bc}	58.41^{a}	43.53^{c}	45.02^{c}	56.88^{ab}	

Número da raiz do nó

O quadro 4 apresenta dados sobre o número de raízes nodais de diferentes genótipos de milho branco submetidos a stress hídrico excessivo. A ANOVA (Anexo Quadro

4a) mostra diferenças altamente significativas no número de raízes nodais de diferentes estádios de crescimento e genótipos de milho branco submetidos a sete dias de humidade estagnada. O resultado mostrou que a USM Var 14 apresentou o maior número de raízes nodais, seguida pela USM Var 6. Além disso, a USM Var 14 apresentou a raiz mais longa e o maior número de nós com raízes adventícias. Além disso, foi relatado que o desenvolvimento de raízes adventícias ou raízes nodais constitui a principal aclimatação das raízes em caso de estagnação ou inundação (Pardales et al., 1991; McDonald et al., 2002; Pang et al., 2004; Polthenee et al., 2008; Changdee et al., 2009). Por outro lado, a USM Var 22 obteve o menor número de raízes nodais. Além disso, a USM Var 22 apresentou o menor comprimento de raiz nodal, o menor número de nós com raízes adventícias e o menor teor de clorofila total. Um resultado semelhante foi obtido por Promkhambut et. al. (2010), que constatou que a humidade estagnada reduziu significativamente o número de raízes nodais e a taxa de fotossíntese. Além disso, apoia o resultado de Ashraf e Arfan (2005), que descobriram que a taxa fotossintética do quiabo (*Hibiscus esculentus*) diminui sob humidade estagnada. Além disso, a falta de O2 conduz geralmente a uma redução rápida da taxa de fotossíntese em plantas intolerantes a inundações, o que é geralmente considerado como o resultado da redução da abertura dos estomas (Malik et. al, 2011). Se o stress for prolongado, pode levar à inibição da atividade fotossintética no mesófilo (Huang et., al. 1994 e Pezeshki et., al. 1996). Os efeitos de uma redução da fotossíntese no crescimento e desenvolvimento das plantas podem ser dramáticos, levando a perturbações fisiológicas simultâneas, como a inibição do transporte de água e alterações no equilíbrio hormonal (Kato-Noguchi 2000a, Else et., al. 2001 e Gunawardena et., al. 2001). Estes resultados podem estar relacionados com o facto de a USM Var 22 ter obtido a percentagem de sobrevivência mais baixa entre os genótipos de milho. A raiz nodal dos genótipos de milho branco foi afetada pelo stress hídrico excessivo em diferentes fases de crescimento. Verifica-se que o número mais elevado de raízes nodais foi atingido na fase de ensilagem, mas é estatisticamente comparável ao da fase de esmagamento e da ausência de humidade estagnada. Além disso, o número de nós com raízes adventícias aumentou nas fases de trituração e ensilagem. Além disso, a formação de aerênquima e o desenvolvimento de raízes laterais estão diretamente ligados à capacidade de uma planta se adaptar a condições anóxicas (Jackson & Armstrong, 1999; Evans, 2003; Pang et al., 2004; Colmer & Voesenek, 2009) e, por conseguinte, têm sido utilizados no mapeamento de QTL (Huang et al., 1994; Mano et al., 2007; Mano & Omori, 2008, 2009).

Curiosamente, o comprimento da raiz nodal e o teor de clorofila total foram reduzidos nas fases de esmagamento e ensilagem, levando a uma diminuição da percentagem de sobrevivência. Um resultado semelhante foi obtido por Promkhambut et al (2010) em Sorghum bicolor L. Moench. Estes resultados apoiam a afirmação de Van Noordwijk e Brouwer (1993) de que as raízes mais desenvolvidas são menos capazes de se adaptar morfologicamente (por exemplo, desenvolvimento de aerênquima) em condições de stress.

Quadro 4: Número de raízes nodais em diferentes genótipos de milho sujeitos a stress hídrico excessivo no solo

	Genotypes					
Growth Stages	USM var. 6	USM var. 14	USM var. 16	USM var. 22	USM var. 24	Mean
No Waterlogged	33.78	38.33	29.55	27.45	36.09	33.04^{ab}
VGS (16-23 DAP)	23.33	22.00	22.22	31.55	15.11	23.04^{d}
VGS (28-35 DAP)	35.00	43.44	21.00	26.20	31.56	31.22c
Tasseling Stage	43.45	52.56	34.00	21.88	29.78	36.33^{ab}
Silking Stage	43.67	45.34	35.00	30.11	34.44	37.71^{a}
Mean	35.84^{a}	40.53^{a}	28.36^{b}	27.44^{b}	29.17^{b}	

Número de nós com raízes adventícias

O quadro 5 apresenta dados sobre o número de nós com raízes adventícias para diferentes genótipos de milho branco sujeitos a stress hídrico excessivo. A ANOVA (anexo, quadro 5a) mostra diferenças altamente significativas no número de raízes nodais em diferentes fases de crescimento e para genótipos de milho branco sujeitos a sete dias de humidade estagnada.

A USM Var 14 teve o maior número de nós com raízes adventícias. Quanto mais raízes adventícias as plantas tiverem, maior será a probabilidade de sobreviverem num ambiente inundado (Purvis e Williamson, 1972). Além disso, os resultados da percentagem de sobrevivência da USM Var 14 apoiam o acordo de Puvis e Williamson (1972). Além disso, Grinieva et al (1991) e Savita (2000) observaram que, para além do apoio mecânico, as raízes adventícias ajudam as plantas a absorver o oxigénio dissolvido da água. As plantas tolerantes à humidade estagnada com os mesmos parâmetros podem mesmo ser melhoradas ou menos afectadas pela capacidade das raízes de se aclimatarem à humidade estagnada, por exemplo pela capacidade de formar raízes adventícias e aerênquima (Dias-Filho e de Carvalho, 2000; Pang et al., 2004; Striker et al., 2005; Irving et al., 2007; Li et al., 2007; Mollard et al., 2008).

A USM Var 22 apresentou o menor número de nós com raízes adventícias. O resultado mostra que a USM Var 22 não foi capaz de produzir espigas maiores, um maior número de grãos e fileiras de grãos por espiga e o maior peso de mil sementes. Além disso, a USM Var 22 também apresentou o menor comprimento de raiz nodal e o menor número de raízes nodais. Um resultado semelhante foi observado por Armstrong (1979), que constatou que o comprimento final das raízes adventícias do sorgo era limitado. Além disso, este resultado está de acordo com Maryam e Nasreen (2012), segundo os quais a estagnação prolongada da água conduz à morte das raízes. A água estagnada também limita a absorção de nutrientes pelo trigo, reduzindo a transpiração e limitando a função das raízes.

Ele mostrou que em todas as fases de crescimento tratadas, o número de nós com raízes adventícias aumentou em comparação com as condições sem estagnação de água. Um resultado semelhante foi obtido por Pardales et. al. (1991) e Zaidi et. al. (2004), que concluíram que a formação de raízes adventícias no sorgo se deve à estagnação da água. Além disso, Purvis e Williamson (1972) referiram que as plantas podem ser capazes de sobreviver num ambiente inundado aumentando o número das suas raízes adventícias. Além disso, o aparecimento de raízes adventícias foi observado como uma reação geral das espécies tolerantes. Estas raízes adventícias têm maior porosidade, o que ajuda as plantas a retomar a absorção de água e de nutrientes em caso de humidade estagnada (Kozlowski e Pallardy 1984). A interação entre o etileno e a auxina é essencial para estimular o desenvolvimento das raízes adventícias (McNamara e Mitchell, 1989). No entanto, Van Noordwijk e Brouwer (1993) indicaram que as raízes mais desenvolvidas podem ser menos capazes de se adaptar morfologicamente em condições de stress, por exemplo, desenvolvendo aerênquima. Entretanto, o desenvolvimento de raízes adventícias foi observado tanto na fase vegetativa como na fase reprodutiva de diferentes genótipos de milho. Isto indica que as raízes adventícias se desenvolvem tanto na fase vegetativa como na fase reprodutiva quando expostas a humidade estagnada durante sete dias.

Quadro 5: Número de nós com raízes adventícias em diferentes genótipos de milho sujeitos a stress devido a humidade excessiva do solo.

	Genotypes					
Growth Stages	USM var. 6	USM var. 14	USM var. 16	USM var. 22	USM var. 24	Mean
No Waterlogged	0.00	0.00	0.00	0.00	0.00	0.00^{b}
VGS (16-23 DAP)	2.78	3.78	3.33	2.99	3.33	3.24^{a}
VGS (28-35 DAP)	3.44	4.78	3.33	3.66	3.00	3.64^{a}
Tasseling Stage	4.11	4.78	3.22	2.55	3.55	3.64^{a}
Silking Stage	4.22	4.56	3.45	2.33	3.56	3.62^{a}
Mean	2.91^{b}	3.57^{a}	2.67^{ab}	2.31^{c}	2.69^{ab}	

Altura da planta (cm)

O quadro 6 apresenta os dados relativos à altura das plantas dos diferentes genótipos de milho branco submetidos a um stress hídrico excessivo. A ANOVA (anexo, quadro 6a) mostra uma diferença altamente significativa na altura das plantas nos diferentes estádios de crescimento e para os genótipos de milho branco sob sete dias de humidade estagnada.

O USM Var 14 obteve a maior altura de planta entre os genótipos de milho branco.

Em resposta ao stress abiótico, as plantas sofrem uma variedade de alterações a nível molecular (expressão genética) que levam à adaptação fisiológica (Zheng et al. 2010; Patade et al. 2011a, b; Mantri et al. 2012). Além disso, os resultados do comprimento da raiz mais longa, o número de raízes nodais e o número de nós com raízes adventícias revelaram que a USM Var 14 obteve a média mais elevada em comparação com outros genótipos de milho. Durante o desenvolvimento inicial da raiz nodal, a capacidade de manter a superfície da raiz para a absorção de água e nutrientes e de desenvolver espaços de aerênquima nas raízes existentes, bem como o desenvolvimento de raízes nodais perto da superfície do solo durante a fase vulnerável, são adaptações morfológicas das raízes para sobreviver enquanto mantêm o crescimento da planta sob condições persistentes de humidade estagnada (Promkhambut et. al., 2010).

A USM Var 24 apresentou a altura de planta mais baixa quando exposta a água parada durante sete dias. Além disso, os resultados relativos ao comprimento da raiz mais longa, ao número de nós da raiz e ao número de nós com raízes adventícias revelaram que a USM Var 24 teve as pontuações médias mais baixas em comparação com outros genótipos de milho. Além disso, a USM Var 24 teve a pontuação mais elevada de danos visuais, indicando uma menor tolerância à humidade permanente. Além disso, Pezeshki (1994) verificou que, assim que o solo se torna anaeróbico, surgem efeitos negativos nas plantas, tais como clorose, redução da taxa de crescimento, rutura das membranas celulares, efeitos negativos na absorção de minerais, alteração das relações entre os reguladores de crescimento, encerramento de estomas, murchidão e epinastia das folhas, redução da fotossíntese e da respiração, alteração da distribuição de hidratos de carbono e, por fim, morte. A estagnação da água é uma condição em que o excesso de água na zona radicular afecta a concentração de oxigénio no solo, conduzindo a uma crise energética nas raízes (Colmer e Voesenek, 2009) e reduzindo o crescimento das plantas em cada fase de crescimento (Setter e Waters, 2003).

A altura das plantas em genótipos de milho branco é influenciada pela estagnação da água em diferentes fases de crescimento. Foi demonstrado que sete dias de estagnação da água reduzem a altura das plantas em cada fase de crescimento. Um resultado semelhante foi obtido por Setter e Waters (2003), que verificaram que a água estagnada reduziu o crescimento das plantas em cada fase de crescimento. Isso mostra que o VGS (28-35 DAP) teve a menor altura de planta em comparação com as condições sem água estagnada. Além disso, o VGS (28-35 DAP) apresentou o menor número de raízes nodais e o menor comprimento de raízes nodais em comparação com as outras fases de crescimento. De acordo com Dong et. al. (1983), a estagnação prolongada da água leva à morte das raízes e limita a absorção de nutrientes pela planta de trigo, reduzindo a transpiração e limitando a função da raiz, reduzindo assim a altura da planta no sorgo. Para além disso, a principal resposta da raiz à estagnação da água no trigo é a redução da respiração, quer a planta seja tolerante ou não (Lambers, H., 1976). A maior taxa de consumo de oxigénio nas pontas das raízes está relacionada com a respiração, que é necessária para os processos metabólicos associados, como a formação de ATP. Em caso de humidade estagnada, as raízes das plantas encontram-se num estado de hipoxia (falta de oxigénio), em que a sua atividade metabólica é suprimida e a produção de ATP diminui (Saglio et. al. 1980). A redução da produção de ATP limita o fornecimento de energia para o crescimento das raízes, reduzindo assim o crescimento vegetativo.

No entanto, no estádio VGS (16-23 DAP) e no estádio de ensilagem, a altura das plantas era comparável, sem estagnação de água. Isto mostra que a fase de silkium foi capaz de desenvolver um maior número de raízes nodais e de nós com raízes adventícias. Isto sugere que um maior número de raízes adventícias aumenta as hipóteses de sobrevivência das plantas em caso de inundação (Purvis e Williamson, 1972). De acordo com Grinieva et al (1991) e Savita (2000), as raízes adventícias ajudam as plantas a absorver oxigénio. O oxigénio é um pré-requisito para o processo de respiração. Quanto mais oxigénio chegar às mitocôndrias, maior será a produção de ATP. O aumento da produção de ATP promove, por conseguinte, o fornecimento de energia para o crescimento das plantas.

Quadro 6: Altura da planta (cm) de diferentes genótipos de milho sob stress de humidade excessiva do solo.

Growth Stages	Genotypes USM var. 6	USM var. 14	USM var. 16	USM var. 22	USM var. 24	Mean
No Waterlogged	163.67	184.83	172.9	160.47	151.03	166.47^{a}
VGS (16-23 DAP)	158.30	179.97	159.57	142.33	146.80	157.53^{ab}
VGS (28-35 DAP)	153.67	159.07	143.57	160.70	122.53	147.91^{c}
Tasseling Stage	163.80	167.93	165.00	144.37	144.80	157.13^{b}
Silking Stage	159.10	169.70	165.9	157.47	147.80	160.19^{ab}
Mean	159.79^{b}	172.50^{a}	161.28^{b}	153.06^{b}	142.59^{c}	

Comprimento da orelha

O quadro 7 apresenta dados sobre o comprimento da espiga para os diferentes genótipos de milho branco sujeitos a stress hídrico excessivo. A ANOVA (quadro 7a do apêndice) mostra diferenças altamente significativas na altura das plantas em diferentes fases de crescimento e para os genótipos de milho branco sujeitos a sete dias de humidade estagnada.

O USM Var 16 obteve o maior comprimento de espiga entre os genótipos de milho quando exposto a água parada durante sete dias (Figura 7). O resultado mostra que a USM Var 6 foi capaz de produzir espigas mais longas porque tinha mais grãos, uma fila de grãos maior e um teor de clorofila total mais elevado em comparação com os outros genótipos de milho. Além disso, a USM Var 16 também apresentou menos danos visuais nas folhas (1 a 3). Isto mostra que um menor dano visual tem um maior teor de clorofila. No processo de fotossíntese, a clorofila é importante para a absorção de fotões (a unidade básica da luz). Quanto maior for a entrada de fotões, maior será a produção de ATP e NADPH, resultando numa maior entrada de energia para a produção de hidratos de carbono. Estes hidratos de carbono são utilizados como blocos de construção para a produção de um maior número de grãos, de uma série de grãos e de uma espiga mais longa. Além disso, em muitas espécies, a ingestão inicial de hidratos de carbono está correlacionada com o grau de tolerância à hipoxia/anoxia, provavelmente devido ao seu envolvimento no fornecimento de energia em condições anaeróbias, e o nível de reservas de hidratos de carbono pode ser um fator-chave na tolerância a longo prazo às inundações. Por exemplo, uma maior capacidade de utilização de açúcares através de vias glicolíticas permite que as plântulas de arroz sobrevivam a longos períodos de inundação (Ito et. al. 1999).

Verifica-se que o comprimento da espiga diminui com a humidade estagnada nas várias fases de crescimento. Além disso, o comprimento de espiga mais baixo em comparação com outras fases de crescimento foi obtido durante o esmagamento. Estes resultados são coerentes com as conclusões de Lone e Warsi (2009), segundo as quais o rendimento das plantas na fase de bagaço é reduzido pela entrada de água. No entanto, na fase de ensilagem, o comprimento da espiga é comparável à condição sem água parada. Isto sugere que a fase de ensilagem é mais capaz de limitar os danos causados pela água parada. Este resultado corrobora as conclusões de Joe Lauer (2008), que constatou que o alagamento imediatamente antes da ensilagem não provocou qualquer redução de rendimento a níveis elevados de N, ao passo que o alagamento durante 96 horas a níveis baixos de N provocou reduções de rendimento até 16%.

Quadro 7: Comprimento da espiga (cm) de diferentes genótipos de milho submetidos a stress excessivo de humidade no solo.

	Genotypes					
Growth Stages	USM var. 6	USM var. 14	USM var. 16	USM var. 22	USM var. 24	Mean
No Waterlogged	12.55	12.37	13.90	13.62	36.16	12.90^{a}
VGS (16-23 DAP)	9.14	12.09	11.74	11.03	36.17	11.21^{bc}
VGS (28-35 DAP)	9.55	12.28	11.43	12.77	27.93	11.07^{bc}
Tasseling Stage	10.60	10.44	12.06	6.36	35.46	10.26^{c}
Silking Stage	10.86	10.90	12.83	12.53	36.62	11.87^{ab}
Mean	10.54^{b}	11.62^{ab}	12.39^{a}	11.26^{b}	11.49^{ab}	

Mil sementes Peso (g)

O quadro 8 apresenta os dados relativos ao peso de mil grãos dos diferentes genótipos de milho branco submetidos a um stress hídrico excessivo. A análise de variância (ANOVA) (quadro 8a do apêndice) mostra diferenças altamente significativas na altura das plantas entre os diferentes estádios de crescimento e genótipos de milho branco submetidos a sete dias de humidade estagnada.

O USM Var 24 apresentou o maior peso de mil grãos em comparação com outros genótipos de milho, seguido pelo USM Var 16 com uma média de 276,99 e 226,81 kg, respetivamente. Este resultado pode ser devido a um maior número de grãos, filas de grãos por espiga e comprimento da espiga em comparação com outros genótipos de milho branco. No entanto, o USM Var. 24 apresentou a menor percentagem de sobrevivência e o maior dano visual entre os genótipos de milho. Isto indica que a USM Var. 24 tem uma menor tolerância à humidade permanente, com base nas caraterísticas agronómicas.

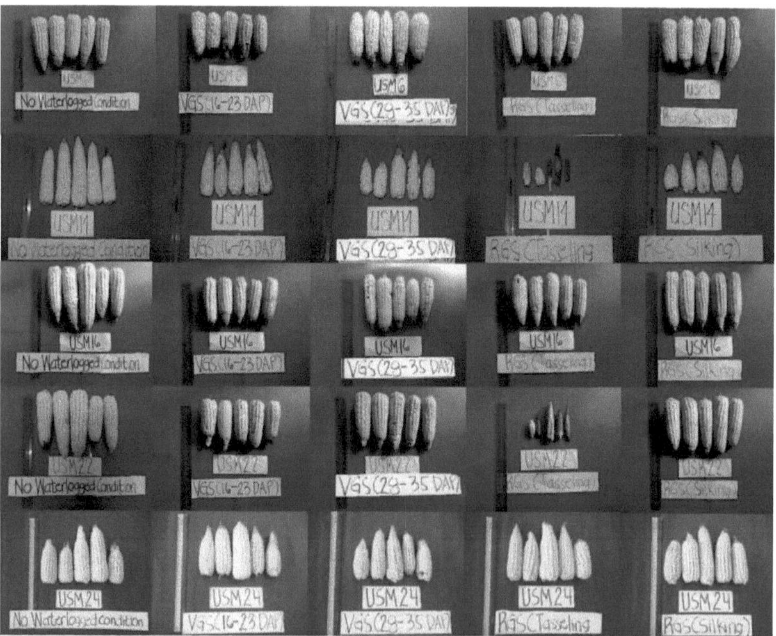

Figura 7: Comprimento das espigas de diferentes genótipos de milho branco expostos a água estagnada durante sete dias.

De acordo com Sergey Shabala (2010), a taxa de sobrevivência (Parelle et al. 2010), a clorose foliar (Li et al. 2008) e o grau de danos nas folhas (Parelle et al. 2010 e Zhou (2010)) são alguns dos factores que controlam a tolerância à humidade estagnada no milho, com base na análise das caraterísticas agronómicas.

O peso dos milhares de grãos foi reduzido em condições de humidade estagnada em diferentes fases de crescimento. Verificou-se que o peso de mil grãos foi mais baixo na colheita. Esta constatação está relacionada com os resultados relativos ao comprimento da espiga, diâmetro da espiga, número de sementes por espiga, número de linhas de sementes por espiga e peso da espiga, em que o esmagamento deu os componentes de rendimento de grãos mais baixos em comparação com outras fases de crescimento. Um resultado semelhante foi obtido no estudo de Palwadi e Lal (1976), que encontraram uma redução significativa no peso de mil grãos devido à humidade estagnada.

Além disso, foi relatado que a humidade estagnada reduz o rendimento do grão em 20-25% ou mais, dependendo do estádio de desenvolvimento (Setter, T.L. e Waters, I. 2003). Por outro lado, a USM Var 14 e a USM Var 22 foram significativamente afectadas pela estagnação da água na fase de verticilium, em que o milho não conseguia desenvolver grãos (Figura 8). No entanto, os outros genótipos de milho branco foram capazes de formar grãos mesmo na presença de água estagnada. Os resultados mostram que os genótipos de milho capazes de formar sementes em todas as fases de crescimento eram menos susceptíveis do que os outros genótipos de milho. Além disso, Lone e Warsi (2009) registaram uma diminuição da formação de sementes durante a fase de esmagamento devido à água estagnada. Além disso, Palwadi e Lal (1976) referiram que a humidade estagnada podia reduzir significativamente o número total de espigas por hectare, o número de linhas por espiga, o número de grãos por linha e o peso de 1000 grãos de milho devido a quarenta e oito horas de humidade estagnada. Além disso, quarenta e oito horas de floração do milho nas fases de plântula, joelho, esmagamento e maturidade do leite reduziram o rendimento de grãos em 59, 35, 63 e 41 por cento, respetivamente.

Quadro 8: Peso de mil grãos (g) de diferentes genótipos de milho sob stress de humidade excessiva no solo.

Growth Stages	Genotypes USM var. 6	USM var. 14	USM var. 16	USM var. 22	USM var. 24	Mean
No Waterlogged	251.07	332.13	283.27	258.63	378.87	300.79[a]
VGS (16-23 DAP)	199.1	255.40	234.30	240.37	271.83	240.20[b]
VGS (28-35 DAP)	234.73	276.17	170.50	237.77	250.60	233.95[b]
Tasseling Stage	192.07	0.00	184.37	00.00	250.73	125.43[c]
Silking Stage	171.2	201.50	261.63	242.67	698.8	
Mean	209.63[b]	213.04[b]	226.81[b]	195.89[b]	276.99[a]	

Figura 8: Efeitos de sete dias de estagnação de água na fase de prensagem de USM Var 14 e USM Var 22.

Diâmetro da orelha (cm)

O quadro 9 apresenta os dados relativos ao diâmetro das espigas dos diferentes genótipos de milho branco submetidos a um stress hídrico excessivo. A ANOVA (anexo, quadro 9a) mostra uma diferença altamente significativa no diâmetro das espigas entre os diferentes estádios de crescimento e genótipos de milho branco submetidos a sete dias de humidade estagnada.

A USM Var 6 teve o maior diâmetro de espiga em comparação com os outros genótipos de milho. Além disso, o diâmetro da espiga da USM Var 6 pode ser devido ao maior número de grãos, fileiras de grãos, raízes nodais, número de nós com raízes adventícias e comprimento da raiz nodal. Um resultado semelhante foi obtido por Promkhambut et. al. (2010) em sorgo doce, que tem esta propriedade de aclimatação de raízes, cv. SP1 forma raízes nodais e aumenta a taxa de fotossíntese mesmo em condições fotossintéticas. Além disso, o desenvolvimento precoce de raízes nodais, a capacidade de manter a superfície da raiz para a absorção de água e nutrientes e de desenvolver espaços de aerênquima nas raízes existentes, bem como o desenvolvimento de raízes nodais perto da superfície do solo durante a fase vulnerável, são adaptações morfológicas das raízes para sobreviver, mantendo o crescimento da planta em condições de humidade estagnada prolongada (Promkhambut et., al. 2010). Além disso, a USM Var 6 apresentou o maior teor de clorofila total, o que pode levar a um maior diâmetro de espiga da USM Var 6.

Verificou-se que o diâmetro da espiga dos genótipos de milho branco foi reduzido quando foram expostos a sete dias de estagnação de água em diferentes fases de crescimento. O comprimento mais curto da espiga ocorreu na fase de esmagamento, em comparação com as outras fases de crescimento. Palwadi e Lal (1976) assinalaram que a fase de esmagamento reduziu o rendimento dos grãos em 63% quando expostos a humidade estagnada. Além disso, a pontuação de danos visuais (folha 1 a folha 3) foi mais elevada na fase de bagaço em comparação com outras fases de crescimento. Além disso, uma pontuação elevada de danos visuais nas folhas (1 a 3) significa um menor grau de tolerância. Além disso, a fase de rebento apresentou o menor número de grãos e o menor número de fileiras de grãos por espiga, e o teor total de clorofila foi menor. Estes resultados podem constituir uma boa base para a fase de prensagem, na qual se obteve o menor diâmetro de espiga em comparação com as outras fases de crescimento. A fase de germinação foi, portanto, sensível à humidade estagnada e conduziu a um menor diâmetro da espiga.

Quadro 9: Diâmetro da espiga (cm) de diferentes genótipos de milho sujeitos a stress hídrico excessivo no solo

Growth Stages	Genotypes USM var. 6	USM var. 14	USM var. 16	USM var. 22	USM var. 24	Mean
No Waterlogged	4.10	4.04	4.20	4.03	3.87	4.05^{a}
VGS (16-23 DAP)	3.54	3.76	3.58	3.94	3.50	3.66^{b}
VGS (28-35 DAP)	3.73	3.68	3.13	3.74	3.50	3.56^{b}
Tasseling Stage	3.89	1.88	3.33	1.57	3.51	2.83^{c}
Silking Stage	3.78	3.25	3.67	4.07	3.68	3.69^{b}
Mean	3.80^{a}	3.33^{bc}	3.58^{ab}	3.47^{c}	3.61^{ab}	

Número de sementes por espiga

O quadro 10 apresenta os dados relativos ao número de grãos por espiga dos diferentes genótipos de milho branco submetidos a um stress hídrico excessivo. A ANOVA (anexo, quadro 10a) mostra diferenças altamente significativas no número de grãos por espiga dos diferentes estádios de crescimento e genótipos de milho branco em condições de humidade estagnada durante sete dias.

O número de grãos por espiga foi influenciado pela estagnação da água durante sete dias. Verificou-se que a USM Var 6 apresentou o maior número de grãos por espiga. Além disso, a USM Var. 6 foi capaz de produzir espigas maiores e o maior número de fileiras de sementes por espiga, e tinha um alto teor de clorofila, o que levou à produção de um maior número de sementes. No entanto, a variedade USM 14 e a variedade USM 22 produziram o menor número de sementes em comparação com os outros genótipos de milho branco. Isto pode dever-se ao menor número de filas de grãos por espiga, ao menor diâmetro da espiga e ao menor teor de clorofila.

Verificou-se também que o número de grãos por espiga diminuiu com a estagnação da água nas diferentes fases de crescimento. O número de grãos por espiga foi mais baixo durante a fase de esmagamento em comparação com as outras fases de crescimento; um resultado semelhante foi obtido por Palwadi e Lal (1976). Além disso, os resultados de Lone e Warsi (2009) corroboram o resultado do estudo de que o número de grãos na fase de germinação diminuiu devido à estagnação da água. Além disso, este resultado pode ser devido ao menor diâmetro da espiga e ao menor teor de clorofila.

Número de linhas de sementes por espiga

O quadro 11 apresenta os dados relativos ao número de filas de grãos por espiga para os diferentes genótipos de milho branco submetidos a um stress hídrico excessivo. A ANOVA (anexo, quadro 11a) mostra uma diferença altamente significativa no número de filas de grãos por espiga para os diferentes estádios de crescimento e genótipos de milho branco em condições de humidade estagnada durante sete dias.

Verifica-se que a USM Var. 6 obteve o maior número de alinhamentos de grãos. O resultado para diâmetro de espiga e número de grãos por espiga USM Var. 6 obteve o maior valor médio entre os genótipos de milho. Além disso, a Var. 6 da USM apresentou um elevado teor de clorofila total e um maior número de raízes nodais e de nós com raízes adventícias, que ajudam a planta a absorver oxigénio e nutrientes para o seu crescimento (Grinieva et. al. 1991 e Savita, 2000).

Table 10. Número de grãos por espiga de diferentes genótipos de milho em caso de stress hídrico excessivo no solo.

	Genotypes					
Growth Stages	USM var. 6	USM var. 14	USM var. 16	USM var. 22	USM var. 24	Mean
No Waterlogged	336.97	276.49	271.53	301.34	248.07	286.88^{a}
VGS (16-23 DAP)	222.50	198.71	179.91	157.42	238.62	193.36^{b}
VGS (28-35 DAP)	228.73	189.27	179.09	221.27	166.49	196.97^{b}
Tasseling Stage	269.81	52.20	187.03	0.00	205.44	139.56^{c}
Silking Stage	277.14	195.45	197.53	233.36	239.27	228.55^{b}
Mean	260.96^{a}	182.42^{c}	203.01^{ab}	182.68^{bc}	216.25^{ab}	

Table 11. Número de linhas de grãos por espiga para diferentes genótipos de milho submetidos a stress hídrico excessivo no solo.

Growth Stages	USM var. 6	USM var. 14	USM var. 16	USM var. 22	USM var. 24	Mean
			Genotypes			
No Waterlogged	14.55	14.05	13.51	11.83	12.87	13.36[a]
VGS (16-23 DAP)	12.53	12.03	11.68	8.95	12.64	11.57[c]
VGS (28-35 DAP)	13.58	12.49	11.60	11.22	12.64	12.31[bc]
Tasseling Stage	14.44	0.00	12.00	0.00	12.10	8.53[d]
Silking Stage	14.48	13.05	12.95	9.92	12.10	12.67[ab]
Mean	13.92[a]	11.14[c]	13.35[b]	8.38[d]	12.64[b]	

Além disso, no processo de fotossíntese, a clorofila é importante para a absorção de fotões (a unidade básica da luz). Por outras palavras, quanto mais fotões houver, mais ATP e NADPH são produzidos, resultando numa maior quantidade de energia para a produção de hidratos de carbono. Estes hidratos de carbono são utilizados como blocos de construção para a produção de um maior número de grãos, de uma série de grãos e de uma espiga maior. Além disso, em muitas espécies, a ingestão inicial de hidratos de carbono está correlacionada com o grau de tolerância à hipoxia/anoxia, provavelmente devido ao seu envolvimento no fornecimento de energia em condições anaeróbias, e o nível de reservas de hidratos de carbono pode ser um fator-chave na tolerância a longo prazo às inundações. Uma maior capacidade de utilização de açúcares através de vias glicolíticas, por exemplo, permite que as plântulas de arroz resistam a períodos prolongados de inundação (Ito et al., 1999). A USM Var. 22 apresentou o menor número de fileiras de grãos por espiga, o que pode ser correlacionado com os resultados de diâmetro de espiga, número de grãos por espiga e clorofila total, o que pode contribuir para a USM Var. 22.

O número de linhas de grãos por espiga diminuiu em cada fase de crescimento quando os genótipos de milho foram expostos a sete dias de humidade estagnada. O menor número de fileiras de grãos por espiga foi encontrado no estádio de espiga. Além disso, um menor diâmetro da espiga, um menor número de grãos e o menor comprimento da espiga foram obtidos na fase de espiga quando o milho foi exposto a sete dias de humidade estagnada. Além disso, foram observados danos visuais elevados e um baixo teor de clorofila no estádio de marcotte. A humidade permanente pode causar o envelhecimento e a murchidão das folhas (Cannell et al., 1980), resultando num baixo teor de clorofila. Além disso, a redução do teor de clorofila e a senescência das folhas, bem como o seu encolhimento, podem também levar à inibição completa da atividade fotossintética nas células do mesófilo (Huang et al., 1994, Haung et al., 1997), bem como da atividade metabólica e da translocação de fotoassimilados (Drew, 1997 e Sachs e Vartapetian, 2007). Os efeitos de uma redução da fotossíntese no crescimento e desenvolvimento das plantas podem ser dramáticos, levando a perturbações fisiológicas simultâneas, como a inibição do transporte de água e alterações no equilíbrio hormonal (Kato-Noguchi 2000a, Else et al., 2001 e Gunawardena et al., 2001).

Peso da orelha (g)

O quadro 12 apresenta os dados relativos ao peso das espigas dos diferentes genótipos de milho branco em condições de humidade permanente. A ANOVA (quadro 12a do apêndice) mostra diferenças altamente significativas nos pesos das espigas dos diferentes estádios de crescimento e genótipos de milho branco sob as condições de humidade permanente de sete dias.

A USM Var 22 teve o maior peso de espiga em comparação com outros genótipos de milho branco. Curiosamente, a USM Var 22 apresentou o menor número de grãos, fileiras de grãos por espiga, diâmetro da espiga e clorofila total. O stress prolongado pode inibir a atividade fotossintética nas células do mesofilo (Huang et al., 1994, Liao e Lin, 1994). No entanto, para manter a sua atividade metabólica, a planta tem de recorrer às suas reservas de hidratos de carbono. Dado que o fornecimento inicial de hidratos de carbono está correlacionado com o grau de tolerância à hipoxia/anoxia em muitas espécies, provavelmente devido ao seu envolvimento no fornecimento de energia em condições anaeróbias, o nível de reservas de hidratos de carbono pode ser um fator determinante na tolerância a longo prazo às inundações (Setter et al., 1997 e Ram et al., 2002). De acordo com Parent et al. (2008), o aumento das reservas de hidratos de carbono ou a sua utilização eficiente, a manutenção da fotossíntese e o equilíbrio hídrico das plantas através do alongamento do caule ou da ativação da aquaporina podem melhorar significativamente a sobrevivência das plantas em caso de inundação.

Verificou-se que o peso da espiga diminuía quando os estádios de crescimento eram expostos a sete dias de água estagnada, em comparação com uma situação sem água estagnada. Resultados semelhantes foram obtidos por Jensen et al (1967) para o milho e por Cannell (1980) para o trigo, segundo os quais a humidade estagnada reduz o rendimento dos grãos. Os resultados mostram que é na fase de bagaço que as espigas têm o peso mais baixo em comparação com as outras fases de crescimento. Além disso, a fase de esmagamento foi a que apresentou o menor diâmetro de espiga, o menor número de grãos e o menor número de fileiras de grãos por espiga, bem como o maior dano visual, que se deve ao menor teor de clorofila. A absorção de nutrientes e a taxa de fotossíntese também são reduzidas nas plantas de milho (Jensen et al., 1967). Além disso, a taxa de fotossíntese foliar no sorgo saturado de água é parcialmente regulada pela clorofila (Promkhambut et. al., 2010). Além disso, há uma redução no teor de clorofila e na senescência das folhas, e o encolhimento das folhas também pode levar à inibição completa da fotossíntese (Drew e Saker, 1986), o que pode ser a causa da redução da acumulação de hidratos de carbono no grão de milho e levar a um menor peso do grão. Além disso, Palwadi e Lal (1976) estudaram que o número total de espigas por hectare, o número de fileiras por espiga, o número de grãos por fileira e o peso de 1000 grãos de milho diminuíram significativamente em consequência da estagnação da água durante quarenta e oito horas. Além disso, a floração do milho durante quarenta e oito horas nos estádios de plântula, joelho, verticilo e maturidade leitosa reduziu a produção de grãos em 59%, 35%, 63% e 41%, respetivamente. Além disso, a produção total de grão dos genótipos de milho foi afetada pelo prolongamento do intervalo de silagem na antese, resultando numa polinização deficiente (Lone e Warsi, 2009). Estes resultados podem ser um fator no peso da espiga na fase de esmagamento, quando o milho foi exposto a humidade estagnada durante sete dias.

Quadro 12: Peso da espiga (g) de diferentes genótipos de milho sob stress de humidade excessiva do solo

Growth Stages	Genotypes USM var. 6	USM var. 14	USM var. 16	USM var. 22	USM var. 24	Mean
No Waterlogged	95.29	98.72	100.93	178.63	99.35	116.55^{a}
VGS (16-23 DAP)	55.95	77.01	63.98	96.42	82.23	75.72^{b}
VGS (28-35 DAP)	62.48	70.46	58.77	131.51	54.90	77.45^{b}
Tasseling Stage	70.40	22.10	70.69	7.24	63.45	47.28^{c}
Silking Stage	73.11	55.48	83.99	136.71	81.10	86.23^{b}
Mean	71.45^{b}	64.73^{b}	78.27^{b}	108.96^{a}	79.82^{b}	

Clorofila total (mg/g PF)

O quadro 13 apresenta os dados relativos à clorofila total para os diferentes genótipos de milho branco sob stress hídrico excessivo. A ANOVA (quadro 13a do apêndice) mostra uma diferença altamente significativa na clorofila total entre os diferentes estádios de crescimento e genótipos de milho branco sob condições de humidade estagnada durante sete dias.

A USM Var 6 obteve o teor de clorofila mais elevado dos genótipos de milho branco aos sete dias de humidade permanente (Figura 9). No entanto, a USM Var 6 foi estatisticamente comparável à USM Var 16 em termos de clorofila total. Isto mostra que, em comparação com outros genótipos de milho, a USM Var 6 foi capaz de produzir um elevado teor de clorofila mesmo em condições de humidade estagnada. Além disso, o alto teor de clorofila total da USM Var 6 pode levar a um maior diâmetro da espiga, um maior número de grãos e fileiras de grãos por espiga. Além disso, também foi observado um maior número de raízes nodais na USM Var 6. Além disso, o desenvolvimento de raízes adventícias ou raízes nodais é a principal aclimatação das raízes em caso de estagnação da água ou inundação (Pardales et al., 1991; McDonald et al., 2002; Pang et al., 2004; Polthenee et al., 2008; Changdee et al., 2009). Além disso, o aumento do número de nós demonstrou ser um mecanismo eficaz para a ancoragem mecânica em condições de humidade em fases posteriores de crescimento. Grinieva et al (1991) e Savita (2000) verificaram que, para além do suporte mecânico, as raízes adventícias ajudam as plantas a absorver o oxigénio dissolvido na água. Esta concordância confirma o resultado da percentagem de sobrevivência, segundo o qual a USM Var 6 tem uma taxa de sobrevivência mais elevada do que os outros genótipos.

Por outro lado, a USM Var 22 apresentou o menor teor de clorofila quando exposta a humidade estagnada durante sete dias. Um resultado semelhante foi obtido por Promkhambut et al (2010), que descobriram que a taxa fotossintética do sorgo doce, cv. Wray, Keller e Bailey diminuiu quando exposto à humidade estagnada. Além disso, o teor mais baixo de clorofila da USM Var 22 não foi capaz de produzir um maior número de raízes nodais, nós portadores de raízes adventícias e maior comprimento de raízes nodais. Este resultado foi consistente com os resultados de

Promkhambut et al, (2010), em que o sorgo; cv. Wray, Keller e Bailey apresentaram uma baixa taxa de fotossíntese e um baixo número de raízes nodais. Além disso, a diminuição da fotossíntese em plantas cultivadas em solos encharcados pode ser devida a uma diminuição na condutividade da transferência de CO das cavidades substomatais para o local de carboxilação ou à atividade das enzimas fotossintéticas no ponto de carboxilação. Isto é consistente com os resultados de Malik et al (2001), que referiram que este facto poderia ser responsável pela redução da fotossíntese no trigo saturado de água.

No entanto, a resposta observada da fotossíntese ao CO sugere que uma limitação relevante da fotossíntese *de S. bicolor* em condições de humidade estagnada é causada por uma redução da capacidade do RuBisCo para fixar o CO e não pela deslocação do CO, como é o caso do sorgo em situação de seca (Massacci et al., 1996). A redução da RuBisCO está intimamente ligada ao teor total de proteínas solúveis (Irving et al., 2007) e está logicamente associada ao teor total de azoto foliar. Isto pode indicar que a taxa fotossintética das folhas em sorgo saturado de água é parcialmente regulada pela clorofila (Promkhambut et. al., 2010). Além disso, há uma diminuição do teor de clorofila e da senescência das folhas, e o encolhimento das folhas também pode levar à inibição completa da fotossíntese (Drew e Saker, 1986). A concordância de Drew e Saker (1986) corrobora o resultado da USM Var 22, que apresenta maiores danos visuais nas folhas 1, 2 e 3 e possui o menor teor de clorofila, resultando em menor chance de sobrevivência dos genótipos de milho.

Parece que a clorofila total dos genótipos de milho branco em diferentes estádios de crescimento é afetada pelo excesso de stress hídrico (Figura 10). Verifica-se que a fase de seda tem o teor de clorofila mais baixo, o que resulta em danos visuais elevados nas folhas (1 a 3), reduzindo as hipóteses de sobrevivência. Este resultado pode ser devido à perda do teor de clorofila, que, em última análise, leva a uma redução da taxa de fotossíntese. A inibição da fotossíntese começa muitos dias antes da queda do teor de clorofila (Sparrow e Uren, 1987).

Quadro 13: Clorofila total (mg/g PF) de diferentes genótipos de milho sob stress de humidade excessiva do solo

	Genotypes					
Growth Stages	USM var. 6	USM var. 14	USM var. 16	USM var. 22	USM var. 24	Mean
No Waterlogged	1.32	1.15	1.34	1.07	1.08	1.19[a]
VGS (16-23 DAP)	0.87	0.73	0.84	0.88	1.06	0.87[bc]
VGS (28-35 DAP)	1.51	1.12	1.30	1.16	1.21	1.26[a]
Tasseling Stage	1.17	0.95	0.99	0.70	0.97	0.96[b]
Silking Stage	0.98	0.61	1.16	0.47	0.55	0.75[c]
Mean	1.17[a]	0.91[b]	1.13[a]	0.89[b]	0.97[bc]	

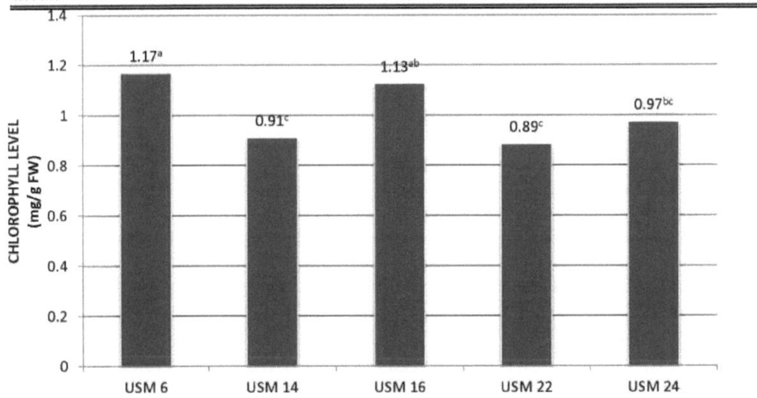

Figura 9: Efeitos de sete dias de estagnação da água na clorofila total de diferentes genótipos de milho branco.

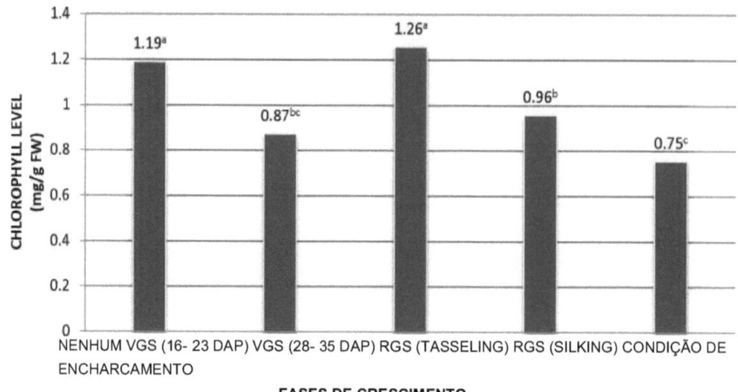

Figura 10: Efeitos de sete dias de estagnação de água na clorofila total em diferentes estádios de crescimento de genótipos de milho branco.mg: miligramas. g: gramas. FW: peso fresco

Correlação entre os parâmetros de crescimento e de rendimento

Foram calculadas correlações de Pearson entre os parâmetros de crescimento e rendimento de diferentes genótipos de milho branco em condições de estagnação da água durante sete dias. O quadro 16 apresenta a matriz de correlação para os parâmetros de crescimento e rendimento dos diferentes genótipos de milho branco. A clorofila total foi significativamente correlacionada com a percentagem de sobrevivência, o número de grãos e as linhas de grãos por espiga. No entanto, o estudo mostrou uma correlação negativa com a avaliação visual dos danos nas folhas 1, 2 e 3, o que significa que quanto maior o dano visual, menor o teor de clorofila total.

A percentagem de sobrevivência foi significativa e positivamente correlacionada com o comprimento da raiz nodal, a altura da planta e os componentes do rendimento do milho. O comprimento da raiz nodal mais longa foi significativamente correlacionado com os componentes do rendimento, mas foi negativamente correlacionado com os nós com raízes adventícias e com a avaliação visual de todas as folhas.

Os nós com raízes adventícias foram significativa e negativamente correlacionados com os componentes de rendimento e a altura da planta de milho. A altura da planta foi significativamente correlacionada com o comprimento da espiga e o número de grãos por espiga. No entanto, registou-se uma correlação negativa significativa com a avaliação visual da folha 1.

O comprimento da espiga, o peso de mil grãos, o diâmetro da espiga, o número de grãos e as fileiras de grãos por espiga foram significativa e positivamente correlacionados com os componentes do rendimento do milho. No entanto, surgiu uma correlação significativa e negativa com a avaliação visual das folhas da folha 1 à folha 3.

Quadro 14: Respostas fenotípicas de diferentes genótipos de milho branco e estádios de crescimento em condições de humidade estagnada durante sete dias.

Treatments	PS	L1VD	L2VD	L3VD	LLNR	NRN	NNBAR	PH	EL	TSW	ED	NKPE	NKRPE	EW	TC
Maize Genotypes (MG)															
USM Var 6	82.00^{b}	7.56^{d}	5.07^{c}	1.08^{a}	50.18^{bc}	35.84^{a}	2.91^{b}	159.79^{b}	10.54^{b}	209.63^{b}	3.80^{a}	260.96^{a}	13.92^{a}	71.45^{b}	1.17^{a}
USM Var 14	93.78^{a}	5.88^{b}	3.88^{b}	2.45^{bc}	58.41^{a}	40.53^{a}	3.57^{a}	172.50^{a}	11.62^{ab}	213.04^{b}	3.33^{bc}	171.98^{c}	10.32^{c}	61.05^{b}	0.91^{c}
USM Var 16	91.56^{a}	5.25^{a}	3.16^{a}	2.10^{b}	43.53^{c}	28.26^{b}	2.67^{ab}	161.28^{b}	12.39^{a}	226.81^{b}	3.58^{ab}	203.01^{bc}	13.35^{b}	78.27^{b}	1.13^{ab}
USM Var 22	78.22^{b}	6.01^{b}	3.85^{ab}	2.59^{bc}	45.04^{c}	27.44^{b}	2.31^{c}	153.06^{b}	11.26^{b}	195.89^{b}	3.47^{c}	182.68^{c}	8.38^{d}	108.96^{a}	0.89^{c}
USM Var 24	69.45^{c}	6.67^{c}	5.37^{c}	3.30^{c}	56.87^{ab}	29.17^{b}	2.69^{ab}	142.59^{c}	11.49^{ab}	276.99^{a}	3.61^{ab}	216.25^{b}	12.64^{b}	79.82^{b}	0.97^{bc}
Growth Stages (GS)															
No waterlogged	100.00^{a}	0.00^{a}	0.00^{a}	0.00^{a}	69.01^{a}	30.64^{ab}	0.00^{b}	166.47^{a}	12.90^{a}	300.79^{a}	4.05^{a}	286.88^{a}	13.92^{a}	116.55^{a}	1.19^{a}
VGS (16-23 DAP)	91.22^{b}	5.94^{b}	2.89^{b}	0.88^{ab}	58.51^{b}	23.04^{d}	3.24^{a}	157.53^{ab}	11.21^{bc}	240.20^{b}	3.66^{b}	193.36^{c}	11.57^{c}	72.72^{b}	0.87^{bc}
VGS (28- 35 DAP)	89.67^{b}	7.02^{c}	3.40^{b}	1.01^{b}	46.57^{c}	31.22^{c}	3.64^{a}	147.91^{c}	11.07^{bc}	233.95^{b}	3.56^{b}	196.97^{bc}	13.30^{bc}	77.45^{b}	1.26^{a}
RGS (Tasseling)	60.22^{d}	9.05^{d}	7.21^{c}	4.42^{c}	37.31^{d}	36.33^{ab}	3.64^{a}	157.13^{b}	10.26^{c}	125.43^{c}	2.83^{c}	129.12^{d}	7.71^{d}	43.60^{c}	0.96^{b}
RGS (Silking)	73.89^{c}	9.36^{d}	7.82^{c}	5.20^{c}	42.64^{cd}	37.71^{a}	3.62^{a}	160.19^{ab}	11.87^{ab}	221.99^{b}	3.68^{b}	228.55^{b}	12.67^{ab}	86.23^{b}	0.75^{c}
Significance															
MS	**	**	**	**	**	**	**	**	**	**	**	**	**	**	**
G	**	**	**	**	**	**	**	**	**	**	**	**	**	**	**
MG x GS	**	**	**	**	**	**	**	**	**	**	**	**	**	**	**

*,**Significativo para p<0,05 ou 0,01 e ns; não significativamente diferente para uma probabilidade de 0,05. Os valores seguidos da mesma letra na mesma coluna não são significativamente diferentes para uma probabilidade de 0,05 ou 0,01. PS: Percentagem de sobrevivência. L1VD: lesão visual do folheto 1. L2VD: lesão visual do folheto 2. L3VD: lesão visual do folheto 3. LLNR: comprimento da raiz nodal mais longa. NRN: número de raízes nodais. NNBAR: número de nós com raízes

adventícias: . PH: altura da planta. EL: comprimento da espiga. TSW: Peso de mil sementes. ED: diâmetro da espiga. NKPE: número de sementes por espiga. NKRPE: número de fileiras de sementes por espiga. EW: peso da espiga. TC: clorofila total. VGS: Estágio de crescimento vegetativo. RGS: Estágio de crescimento reprodutivo.

Quadro 15: Respostas fenotípicas de diferentes genótipos de milho branco e estádios de crescimento em condições de humidade estagnada durante sete dias.

Treatments	PH	EL	TSW	ED	NKPE	NKRPE	EW	TC
Maize Genotypes (MG)								
USM var. 6	159.79^{b}	10.54^{b}	209.63^{b}	3.80^{a}	260.96^{a}	13.92^{a}	71.45^{b}	1.17^{a}
USM var. 14	172.50^{a}	11.62^{ab}	213.04^{b}	3.33^{bc}	171.98^{c}	10.32^{c}	61.05^{b}	0.91^{c}
USM var. 16	161.28^{b}	12.39^{a}	226.81^{b}	3.58^{ab}	203.01^{bc}	13.35^{b}	78.27^{b}	1.13^{ab}
USM var. 22	153.06^{b}	11.26^{b}	195.89^{b}	3.47^{c}	182.68^{c}	8.38^{d}	108.96^{a}	0.89^{c}
USM var. 24	142.59^{c}	11.49^{ab}	276.99^{a}	3.61^{ab}	216.25^{b}	12.64^{b}	79.82^{b}	0.97^{bc}
Growth Stages (GS)								
No waterlogged condition	166.47^{a}	12.90^{a}	300.79^{a}	4.05^{a}	286.88^{a}	13.92^{a}	116.55^{a}	1.19^{a}
VGS (16-23 DAP)	157.53^{ab}	11.21^{bc}	240.20^{b}	3.66^{b}	193.36^{c}	11.57^{c}	72.72^{b}	0.87^{bc}
VGS (28- 35 DAP)	147.91^{c}	11.07^{bc}	233.95^{b}	3.56^{b}	196.97^{bc}	13.30^{bc}	77.45^{b}	1.26^{a}
RGS (Tasseling)	157.13^{b}	10.26^{c}	125.43^{c}	2.83^{c}	129.12^{d}	7.71^{d}	43.60^{c}	0.96^{b}
RGS (Silking)	160.19^{ab}	11.87^{ab}	221.99^{b}	3.68^{b}	228.55^{b}	12.67^{ab}	86.23^{b}	0.75^{c}
Significance								
MG	**	**	**	**	**	**	**	**
GS	**	**	**	**	**	**	**	**
MG x GS	**	**	**	**	**	**	**	**

*,**Significativo a p<0,05 ou 0,01 e ns; não significativamente diferente a uma probabilidade de 0,05. Valores seguidos da mesma letra na mesma coluna não são significativamente diferentes a uma probabilidade de 0,05 e 0,01. PH: altura da planta. EL: comprimento da espiga. PMSF: peso de mil grãos. ED: diâmetro da espiga. NKPE: número de sementes por espiga. NKRPE: número de fileiras de sementes por espiga. EW: peso da espiga. TC: clorofila total.

* A correlação é significativa ao nível de 0,05 (bicaudal): ** A correlação é significativa ao nível de 0,01 (bicaudal).

RESUMO, CONCLUSÕES E RECOMENDAÇÕES

O objetivo deste estudo, intitulado **"**Resposta fenotípica e fisiológica de diferentes genótipos de milho ao stress por excesso de humidade no solo**"**, é examinar os efeitos de sete dias de estagnação de água em diferentes genótipos de milho branco, determinar os estádios de crescimento sensíveis que têm um impacto negativo no crescimento do milho e no potencial de rendimento, e determinar as caraterísticas morfológicas e fisiológicas do milho que conferem tolerância à estagnação de água.

Cinco genótipos diferentes de milho branco foram utilizados como fator A, e os estádios de crescimento do milho foram utilizados como fator B. O ensaio foi fatorial, em blocos completos aleatórios (RCBD) e repetido três vezes. As diferenças entre os produtos de tratamento foram comparadas a um nível de 5% de probabilidade usando a diferença de significância honesta de Tukey (HSD). O estudo foi realizado de outubro de 2015 a março de 2016 no local de pesquisa da Faculdade de Agricultura e Ciências Afins, Universidade do Sudeste das Filipinas, Campus Tagum-Mabini, Unidade Mabini, Pindasan, Mabini, Província do Vale de Compostela, Filipinas *(*7° 18' 0" N, 125° 51'0" E).

Os resultados mostram que os diferentes genótipos de milho branco foram afectados pela humidade estagnada durante sete dias. A USM Var 14 e a USM Var 16 obtiveram resultados visuais mais baixos, indicando um maior grau de tolerância que permitiu a ambos os genótipos sobreviver à humidade estagnada. Além disso, a USM Var 14 apresentou o maior comprimento de raiz nodal, o maior número de raízes nodais e o maior número de nós com raízes adventícias. O desenvolvimento de raízes adventícias contribui para a absorção de oxigénio da água e de nutrientes para a atividade metabólica normal da planta. Além disso, o desenvolvimento de raízes adventícias demonstrou ser uma resposta positiva a variedades tolerantes. Além disso, o desenvolvimento de raízes adventícias foi observado tanto na fase vegetativa como na fase reprodutiva do milho. Por outro lado, a USM Var 6 foi capaz de produzir um maior teor de clorofila total, o que levou a um maior diâmetro de espiga, um maior número de grãos e uma maior fileira de grãos por espiga. No entanto, a USM 16 apresentou a espiga mais comprida, um diâmetro de espiga comparável e um teor de clorofila total comparável ao da USM 6, o que sugere que o teor de clorofila total mais elevado produz um diâmetro de espiga maior, um comprimento de espiga mais longo e o maior número de sementes e filas de sementes por espiga.

Os genótipos USM Var 14 e Var16 têm potencial para servir de material de base para fins de seleção em caso de estagnação temporária da água causada por padrões erráticos de precipitação e alterações climáticas.

As diferentes fases de crescimento dos genótipos de milho branco foram significativamente afectadas pela estagnação da água durante sete dias. Os resultados mostram que a fase de esmagamento obteve a maior pontuação visual, indicando menor tolerância e levando a uma menor taxa de sobrevivência. Além disso, foi observado um menor teor de clorofila na fase de esmagamento, resultando num menor comprimento da espiga, num menor peso de mil grãos, num menor diâmetro da espiga e num menor número de grãos e de filas de grãos por espiga. Isto indica que a fase de perfilhamento reduz o crescimento e o desempenho da produção quando a planta é exposta a humidade estagnada durante sete dias. Assim, a fase de rebento é a fase mais sensível quando exposta a água estagnada durante sete dias.

Para o estudo futuro, o investigador recomenda aumentar o número de genótipos e testar o germoplasma recolhido quanto ao seu potencial de adaptação à humidade estagnada temporária, bem como recolher dados a nível anatómico, bioquímico, molecular e fisiológico para melhor compreender o estudo.

LITERATURA CITADA

ANJOS, S. E., SERENO M. J. C, D. E M, LEMONS S. E., OLIVEIRA AC DE, BARBOSA NETO JF. 2005. Parâmetros genéticos e QTL para tolerância a solos alagados em milho. Crop Breed. Appl. Biotechnol, 5: 287-293.

ASHRAF, MUHAMMAD ARSLAN. 2012, Waterlogging stress in plants: A review. African Journal of Agricultural Research Vol. 7(13), pp. 1976-1981, April 5, 2012 Disponível online em http://www.academicjournals.org/AJAR DOI: 10.5897/AJARX11.084 ISSN 1991-637X © 2012 Academic Journals.

ASHRAF M, REHMAN H. 1999. Estado mineral dos nutrientes do milho em relação ao nitrato e ao encharcamento a longo prazo. J. Plant Nutr, 22(8) : 1253- 1268.

ASHRAF MA, AHMAD MSA, ASHRAF M, AL-QURAINY F, ASHRAF M. Y. 2011. Alívio do stress hídrico no algodão de terras baixas (GossypiumhirsutumL.) através da aplicação exógena de potássio no solo e como pulverização foliar. Crop Pasture Sci, 62(1): 25-38.

AVADHANI, P.N., H. GREENWAY, R. LEFROY E L. PRIOR. 1978. Fermentação alcoólica e metabolismo do malato em arroz germinado a baixas concentrações de oxigénio. Aust. J. P1ant Physiol, 5: 15-25.

BARTA, A. L., 1984, Ethanol synthesis and loss from flooded roots of Medicago sativa L. and Lotus cotniculatus L. Plant Cell Environment, 7 : 187-191.

BARRETT-LENNARD, E. G., P. D. LEIGHTON, F. BUWALDA, J. GIBBS, W. ARMSTRONG, C. J. THOMSON E H. GREENWAY. 1988. Efeitos da cultura do trigo em soluções nutritivas hipóxicas e subsequente transferência para soluções arejadas. I. Crescimento e estado dos hidratos de carbono nos rebentos e raízes. Australian Journal of Plant Physiology, 15: 585-598.

BHAN, S. 1977. Efeitos da resistência à hidrologia. India J. Agric. Res, 11: 147-150.

BUGHWAT, K. K., G. R. SANDHYA E B. GYATRI. 1986.injury waterlogging in sorghum seedlings and their kinetin effected rapid recovery. Regulação do crescimento das plantas, 1 : 23-31.

BUTTERBACH-BAHL, K., C. LI, J. ABER, F. STANGE e H. PAPEN, 2000: Um modelo orientado para o processo de emissões de NO2 e NO de solos florestais: 1, Desenvolvimento do modelo. J. Geophys. Res. 105: 4369-4384.

CAO, Y., S.B. CAI, Z.S. WU, W. ZHU, X.W. FANG E E.H. XION. 1995. Estudos sobre as caraterísticas genéticas da tolerância à humidade estagnada no trigo. Jiangsu Journal of Agricultural Sciences, 11: 11-15.

CHANGDEE, T., A. POLTHANEE, C. AKKASAENG E S. MORITA, 2009. Efeito de diferentes regimes de encharcamento no crescimento, rendimentos selecionados e parâmetros de desenvolvimento radicular em três culturas fibrosas (Hibiscus canabinus L., Hibicus sabdariffa L. e Corchorusolitorious L.). Asian J. Plant. Sci. 8: 515-525.

CLIFFORD, A. E H. L. HENSON. 1957, Some effects of temporary flooding on coniferous trees, J. Forest, 55: 647-650.

COLMER T. D. E L. VOESENEK. 2009. tolerância a inundações: sequências de caraterísticas de plantas em ambientes variáveis. Functional plant biology 36: 665-681.

COOKSON, C. E D. J. OSBORNE. 1978: A estimulação da extensão celular por etileno e auxina em plantas aquáticas. Planta, 144: 39-47.

CRAWFORD, R.M. M. 1967, Alcohol dehydrogenase activity in relation to flooding tolerance in roots. J. Exp. Bot. 18: 458-464.

DAT, J., N. CAPELLI, H. FOLZER, P. BORGEAD E P.M. BADO. 2004.sensing and signaling during plant flooding. Plant physiology and biochemistry 42: 273-282.

DAVIES, D. D. 1980. metabolismo anaeróbico e produção de ácidos orgânicos. In: The Biochemistry of Plants, Vol. 2. Academic Press, NY, U.S.A., pp : 581-611.

DING N. E M. E., MUSGRAVE .1995. Relação entre o revestimento mineral das raízes e o rendimento do trigo sob stress de humidade estagnada. J. Exp. Bot. 46: 939-945.

DONG, J. G., Z. W. YU E S. W. YU. 1983. Effect of increasing ethylene production for different periods on the resistance of wheat plants to waterlogging. Ata.Phyto.physiologiaSinica, 9: 383-389.

DONMANN, W. W. E C. E. HOUSTON. 1967. Drenagem em relação à gestão da irrigação. Em Drainage of Agricultural Lands.

EVANS FR. 2003. formação de aerênquima. New Phytologist 161: 35-49.

FRANCIS, C. M., A. C. DEVITT E P. SEELE. 1974. Influence of flooding on the activity of alcohol dehydrogenase in the roots of Tifoliumsubterraneum L. Aust. J. Plant Physiol, 1: 9-13.

GARDNER W. K.AND FLOOD R. G. 1993. Menos danos por encharcamento em trigos de estação longa. Cereal Res. Commun. 21(4) : 337-343.

GRINIEVA, G.N., B. L. MCMICHAEL E H. PERSON. 1991. Alterações fisiológicas e morfológicas em plantas de milho sob diferentes condições de inundação, plantas e seu ambiente. Proc. ISSR Symp. 21-26 de agosto de 1988, Uppsala, Suécia.

HAMACHI, Y.; YOSHINO, M.; FURUSHO, M.; YOSHIDA, T. 1990. Índice de seleção para resistência a humidade em cevada para malte. Jpn J. Breed. 40, 361-366.

HOSSAIN, A. E S. N. UDDIN. 2011. Mecanismos de tolerância à humidade estagnada no trigo: adaptações morfológicas e metabólicas sob hipoxia ou anoxia. Australian journal of crop sciences, 5(9): 1094-1101.

HUANG BR, JOHNSON JW, NESMITH S, BRIDGES DC. 1994. Crescimento, respostas fisiológicas e anatómicas de dois genótipos de trigo à estagnação da água e ao fornecimento de nutrientes. Journal of experimental botany 45: 193-202.

IRVING, L. J., Y.B. SHENG, D. WOOLLEY E C. MATTHEW. 2007. Efeitos fisiológicos da humidade permanente em duas variedades de alfafa cultivadas em condições de estufa. J. Agron. Crop Sci. 193: 345-356.

JACKSON MB, ARMSTRONG W. 1999. formação de aerênquima e processos de ventilação da planta em relação à inundação e submersão do solo [revisão]. Biologia Vegetal 1: 274-287.

JACKSON, M. B. E M. C. DREW. 1984. Effects of flooding on the growth and metabolism of herbaceous plants. In: Flooding and plant growth, pp: 47-128.

JENSEN, C.R., L.H. STOLZY E J. LETEY. 1967. Estudos de traçadores da difusão de oxigénio através de raízes de cevada, milho e arroz. Soil Sci, 103 : 23.

KOZLOWSKI, T. T. E S. G. PALLARDY. 1984. effects of flooding on the relationships between water, carbohydrates and minerals. In Flooding and plant growth. T.T. Kozlowski (ed). Academic Press Inc, Orlando, Florida, pp: 165-193.

LEMSONS E SILVA CF, MATTOS LAT DE, OLIVERIA AC DE, CARVALHO FIF DE, FREITAS FA DE, ANJOS E SILVA SD. 2003. Tolerância à inundação em aveia. Culturas de Reprodução. Appl. Biotechnol, 5 : 29-42.

LONE A. A. E M. Z. K. WARSI. 2009. Resposta do milho (*zea mays* l.) à tolerância ao excesso de humidade do solo (esm) em diferentes fases do ciclo de vida Botany Research International 2 (3) : 211-217, 2009 ISSN 2221-3635 © IDOSI Publications, 2009.

MALIK, A.I., D.T.D. COLMER, H. LAMBERS e M. SCHORTEMEYER. 2001. Alterações nas caraterísticas fisiológicas e morfológicas das raízes e rebentos de trigo em resposta à estagnação da água a diferentes profundidades. Aust. J. Plant Physiol. 28 : 1121-1131.

MANO,Y. ET F., OMORI. 2008. Verificação do qtl que controla a formação de aerênquima radicular em uma população de retrocruzamento avançado de milho teosinte "Zeanicaraguensis". Breeding Science 58 : 217-223.

MANO, Y. E F., OMORI. 2009. High-Density linkage map around the root aerenchyma locus qaer1.06 in the backcross populations of maize mi29 teosinte "Zeanicaraguensis". Breeding Science 59 : 427-433.

MANO Y., F. OMORI, T. TAKAMIZO, B. KINDIGER, R. M. BIRD, C. H. LOAISIGA, AND H., TAKAHASHI. 2007. mapeamento QTL da formação de aerênquima radicular em plântulas de um cruzamento do raro teosinte "Zeanicaraguensis" com milho. Planta e Solo 295 : 103-113.

MANTRI N, PATADE V, PENNA S, FORD R, PANG ECK. 2012. Respostas ao stress abiótico nas plantas - presente e futuro. In: Ahmad P, Prasad MNV (eds) Abiotic stress responses in plants: metabolism to productivity. Springer, Science + Business Media NY, EUA, p. 1-19

MARYAM, A. E S. NASREEN. 2012.A Review: Effects of standing water on morphological, anatomical, physiological and biochemical characteristics of food and commercial plants. Departamento de Botânica, ICBS, Universidade de Gujrat (UOG), Gujrat, Paquistão.

International Review of Water Resources and Environmental Sciences 1(4): 113120.

MCDONALD, M.P., N.W. GALWEY E T.D. COLMER, 2002. Similaridade e diversidade na anatomia adventícia das raízes em função da erosão radicular numa série de espécies de gramíneas de prados e pastagens húmidas. Plant Cell Environment, 25 : 441-451.

MCFARLANE, N.M., T. A. CIAVARELLA E K. F. SMITH. 2004. The effects of waterlogging on growth, photosynthesis and biomass allocation in perennial ryegrass (LoliumperenneL.) genotypes with contrasting root development. J. Agric. Sci. 141: 241-248.

MCNAMARA, S. T. E C. A. MITCHELL. 1989. Differential flood stress resistance of two tomato genotypes. J. Am. Soc. Hort. Sci. 105 : 751-755.

SACHS, M. M., M. FREELING E R. OKIMOTO. 1980. Anaerobic proteins in maize. Cell, 20:761-767.

SAGLIO, P.H., P. RAYMOND E A. PRADET. 1980. atividade metabólica e carga energética de pontas de raiz de milho excisadas sob anoxia. Plant Physiol, 66: 1053-1057.

SAVITA, U.S., T.K. RATHORE E H.S. MISHRA. 2004. Response of some maize genotypes to temporary stagnant moisture. J. Plant Biol, 31(1): 29-36.

SAVITA, U. S. 2000. Reação de alguns genótipos de milho à estagnação temporária da água. Tese de doutoramento (Ag.), G.B. Pant University of Agric. Technol. Pantnagar.

SETTER TL, BURGESS P, WATERS I. 1999 Genetic Diversity of Barley and Wheat for Waterlogging Tolerance in Western Australia ; Proceedings of the 9th Australian Barley Technical Symposium ; Melbourne : Australian Barley Technical Symposium Inc.

SERGEY SHABALA. 2010. Revisão da investigação sobre aspectos fisiológicos e celulares da tolerância à fitotoxicidade em plantas: o papel do transportador de membrana e implicações para o melhoramento de culturas para tolerância ao encharcamento. Escola de Ciências Agrícolas, Universidade da Tasmânia, Hobart, Tas. 7001, Austrália.

SETTLER, T.L. E I. WATERS. 2003. Revisão das perspectivas de melhoramento do germoplasma para tolerância ao encharcamento em trigo, cevada e aveia. Plant Soil 253 : 1- 34.

SHARMA, D.P. E A. SWARUP. 1988. Efeito da irrigação de curta duração no crescimento, rendimento e composição mineral do trigo em solos ácidos em condições de campo. Plant and Soil, 107: 137-143.

SHIMIZU, N. M. 1992. Cultivo de milho em campos de arroz convertidos no Japão. Boletim de Extensão ASPA-Centro de Alimentação e Água. pp: 319-315.

PARDAL, L. A. E N. C. UREN. 1987, The role of manganese toxicity in crop yellowing on seasonal waterlogged and strongly acidic soils in northeastern Victoria. Australian Journal of Experimental Agriculture, 27: 303-307.

ORCHARD, P. W. E R. S. JESSOP. 1984: A resposta do sorgo e do girassol à irrigação de curta duração. Efeitos do estádio de desenvolvimento e da duração do alagamento no crescimento e na produção. Solo vegetal, 81: 119-132.

PANG JY, ZHOU MX, MENDHAM N, SHABALA S. 2004. Crescimento e respostas fisiológicas de seis genótipos de cevada à estagnação da água e subsequente recuperação. Australian Journal of Agricultural Research 55: 895-906.

PALWADI, H.K. E B. LAL. 1976. Nota sobre a sensibilidade do milho à humidade estagnada em diferentes estádios de crescimento. Pantnagar J. Res. 1: 141-142.

PATADE VY, BHARGAVA S, SUPRASANNA P. 2011. Transcript expression profiling of stress-responsive genes in response to short-term salt or PEG stress in sugarcane leaves. MolBiol Rep doi:10.1007/s11033-011-1100-z

PARDALES, JR, Y. KONO E A. YAMAUCHI. 1991. Reação dos vários componentes do sistema radicular do sorgo ao aparecimento de água estagnada. Environ. Exp. Bot. 31: 107115.

PARELLE J, DREYER E, BRENDEL O. 2010. Variabilidade genética e determinismo da adaptação das plantas ao encharcamento do solo. In: Mancuso S, Shabala S, eds. Waterlogging signaling and tolerance in plants. Heidelberg, Alemanha: SpringerVerlag, 241-265.

PEARCE, D. M. E., K. C. HALL E M. B. JACKSON. 1992: Os efeitos do oxigénio, dióxido de carbono e etileno na biossíntese de etileno em relação à extensão do caule no arroz (Oryza sativa) e na erva-dos-prados (Echinochloaoryzoides). Ann. Bot. 69: 441-447.

PERATA, P., J. POZUETA-ROMERO, T. AKAZAWA e J. YAMAGUCHI.1992. Efeito da anoxia na degradação do amido em sementes de arroz e trigo. Planta, 188 : 611-618.

PEZESHKI, S.R. 1994. Respostas das plântulas de cipreste-careca à hipoxia: teor de proteínas nas folhas, atividade da ribulose-1,5-bisfosfato carboxilase/oxigenase e fotossíntese. Photosynthetica, 30:59--68.

POLTHANEE, A. 1997. Indigenous farming practices and knowledge in Northeast Thailand.KhonKaen Publishing, KhonKaen pp: 97.

POLTHENEE, A., T. CHANGDEE, J. ABE E S. MORITA. 2008. Efeitos da floração no crescimento, rendimento e desenvolvimento de aerênquima em raízes adventícias de quatro cultivares de kenaf (Hibiscus cannabinusL.). Asian J. Plant Physiol, 7: 554-550.

PROMKHAMBUT, A., A. YOUNGER, A. POLTHANEE E C. AKKASAENG. 2010. Respostas morfológicas e fisiológicas do sorgo (Sorghum bicolor L. Moench) à estagnação da água. Asian Journal of Plant Sciences 9 (4): 183-193, 2010 ISSN 16823974. 2010 Asian Science Information Network.

TAKEDA, K.; E FUKUYAMA, T. 1987. Tolerância à inundação pré-germinativa na coleção mundial de variedades de cevada. Barley Genct. **1987**, V, 735-740.

TORBERT, H. A., R. G. HOEFT, R. M. VANDEN-HEUVEL, R. L. MULVANCY E S.E. HOLLONGER. 1993. Short-term effects of excess water on maize yield and nitrogen use. J. Prod Agril, 6: 337-344.

TROUGHT, M. C. T. E M. C. DREW. 1980. The development of hydration damage in wheat (Triticumaestivum L.) shoot and root growth in relation to changes in concentrations of dissolved gases and solutes in the soil solution. Plant and Soil, 54: 77-94.

PURVIS, A. C. E R. E. WILLIAMSON. 1972. Effects of flooding and gaseous composition of the root environment on maize growth (Efeitos do alagamento e da composição gasosa do ambiente radicular no crescimento do milho). Agron. J. 64:674-678.

VANDERLLIP, R.L. E H.E. REEVES. 1972. Estádios de crescimento do sorgo [Sorghum bicolor (L.) Moench. Agron. J., 64 : 13-16.

VANTOAI T. T., J. E. BEUERLIEN, A. F. SCHMITHENNER, S. K. ST. MARTIN. 1994. variabilidade genética para tolerância a inundações em soja. Crop Sci. 34: 1112-1115.

VAN NOORDWIJK, M. E G. BROUWER. 1993. Porosidade das raízes preenchidas com gás em resposta a um fornecimento temporariamente baixo de oxigénio em diferentes fases de crescimento. Plant Soil, 152 : 187-199.

VARTAPETIAN, B. B., I. N. ANDREEVAE E N. NURITDINOV. 1978. Plant cells under oxygen stress. Plant Life in Anaerobic Environments, Biolgia. Plantarum, 2 : 13-88.

WAMPLE, R. L. E R. W. DAVIS. 1983. Effect of flooding on starch accumulation in chloroplasts of sunflower (Helianthus annuus L.). Plant Physiol, 73 : 195-198.

WEBB, J. E R. FLETCHER. 1996. Paclobutrazole protege as plântulas de trigo dos danos causados pela humidade permanente. Regulação do Crescimento das Plantas, 18:

201-206.

YEBOAH, M. A., C. XUEHAO, C. R. FENG, M. ALFANDI, G. LIANG E M. GU. 2008: Mapeamento de loci de caraterísticas quantitativas para tolerância à humidade estagnada em pepino com marcadores SRAP e ISSR. Biotech, 7(2): 157-167.

YIU, J. C., C. W. LIU, D. Y. T. FANG E Y. S. LAI. 2009. Waterlogging tolerance of Welsh onion (Allium fistulosumL.) enhanced by exogenous spermidine and spermine. Plant Physiol. Biochimie. 47 : 710-716.

ZHENG J, FU J, GOU M, HUAI J, LIU Y, JIAN M, HUANG Q, GUO X, DONG Z, WANG H, WANG G. 2010. Genome-wide transcriptomic analysis of two maize inbred lines under drought stress. Plant MolBiol 72:407-423

ZHOU, W. J., D. S. ZHAO ETX. Q. LIN. 1997. Efeitos da estagnação da água na acumulação de azoto e atenuação dos danos causados pela estagnação através da aplicação de fertilizante azotado e mixtalol na colza de inverno (Brassica napusL.). J. Plant Growth Regul, 16: 47-53.

ZHOU, M. Z. 2010 Melhoria da tolerância das plantas à hidrologia. In: Mancuso S, Shabala S, eds. Diuresis signalling and tolerance in plants. Heidelberg, Alemanha: SpringerVerlag, 267-285.

APÊNDICES

Apêndice Quadro 1a. Percentagem de sobrevivência de diferentes genótipos de milho sob stress de excesso de humidade no solo.

Growth Stages	Genotypes USM var. 6	USM var. 14	USM var. 16	USM var. 22	USM var. 24	Mean
No Waterlogged	100.00	100.00	100.00	100.00	100.00	100.00[a]
VGS (16-23 DAP)	86.67	100.00	100.00	100.00	69.44	91.222[b]
VGS (28-35 DAP)	90.00	100.00	100.00	100.00	58.34	89.67[b]
Tasseling Stage	63.33	82.22	77.78	33.33	44.47	60.22[d]
Silking Stage	70.00	86.67	80.00	57.78	75.00	73.89[c]
Mean	82.00[b]	93.78[a]	91.56[a]	78.22[b]	69.45	

Apêndice Quadro 1b. Análise de variância (ANOVA) sobre a percentagem de sobrevivência de diferentes genótipos de milho submetidos a stress de humidade excessiva no solo.

Sources of Variation	DF	SS	MS	FC	F- tab a= 0.05%	a= 0.01%
Growth Stages	4	15042.987	3760.747	68.842**	2.56	3.74
Genotypes	4	5953.664	1488.416	27.246**	2.56	3.74
Growth Stages X Genotypes	16	6881.756	430.110	7.873**	1.86	2.40
Replication	2	76.247	38.124			
Error	48	2622.183	54.629			
Total	74	30576.836				

Apêndice Quadro 2a. Avaliação visual da folha 1 de diferentes genótipos de milho submetidos a stress hídrico excessivo no solo.

Fases de crescimento	USM var. 6	USM Var. 14	Genótipos USM var. 16	USM Var. 22	USM var. 24	Média
Não Água estagnada	00.00	0.00	0.00	0.00	0.00	0.00[a]
VGS (16-23 DAP)	9,20	4.17	4.60	3.87	7.87	5.94[b]
VGS (28-35 DAP)	9,90	5.42	4.87	6.63	8.30	7.02[c]
Fase da borla	9.30	10.00	8.03	9.57	8.33	9.05[d]
Estádio de Silking	9.40	9.82	8.73	10.00	8.87	9.36d
Média	7.56d	5.89b	5.25[a]	5.24b	6.67c	

Apêndice Tabela 2b. Análise de variância (ANOVA) para a avaliação visual da folha 1 de diferentes genótipos de milho submetidos ao estresse excessivo de umidade no solo.

Fontes de variação	DF	SS	EM	F- Separador FC a= 0,05% a= 0,01% a= 0,05% a= 0,01%	a= 0,01% a= 0,01
Fases de crescimento	4	859.032	214.758	805.282** 2.563	.74
Genótipos	4	46.370	11.592	43.469** 2.563	.74
Estádios de crescimento X Genótipos	16	88.308	5.519	20.696** 1.862	.40
Replicação	2	.782	.391		
Erro	48	12.801	.267		
Total	74	1007.293			

Fases de crescimento CV= 8,00
Genótipos CV= 8,44
* = Significativo ao nível de 5
* *= altamente significativo ao nível 1

* Apêndice Tabela 2c. Classificação visual da folha 2 de diferentes genótipos de milho sob stress de excesso de humidade no solo.

Growth Stages	Genotypes USM var. 6	USM var. 14	USM var. 16	USM var. 22	USM var. 24	Mean
No Waterlogged	0.00	0.00	0.00	0.00	0.00	0.00[a]
VGS (16-23 DAP)	5.80	1.50	0.37	0.67	6.37	2.89[b]
VGS (28-35 DAP)	6.20	1.44	1.23	2.13	6.00	3.40[b]
Tasseling Stage	6.47	8.69	6.83	6.93	7.17	7.22[c]
Silking Stage	6.87	8.05	7.37	9.53	7.30	7.82[c]
Mean	5.06[c]	3.88[b]	3.16[a]	3.85[ab]	5.37[c]	

Apêndice Tabela 2d. Análise de variância (ANOVA) da avaliação visual da folha 2 de diferentes genótipos de milho submetidos ao estresse excessivo de umidade no solo.

Sources of Variation	DF	SS	MS	FC	F- tab a= 0.05%	a= 0.01%
Growth Stages	4	633.322	158.331	340.294**	2.56	3.74
Genotypes	4	50.880	12.720	27.335**	2.56	3.74
Growth Stages X Genotypes	16	149.146	9.322	20.032**	1.86	2.40
Replication	2	.639	.319	.686		
Error	48	22.336	.465			
Total	78	856.323				

Fases de crescimento CV= 15,97
Genótipos CV= 16,04
* = Significativo ao nível de 5
* *= altamente significativo ao nível 1

* Apêndice Quadro 2e. Classificação visual da folha 3 de diferentes genótipos de milho sob stress de excesso de humidade no solo.

Growth Stages	Genotypes USM var. 6	USM var. 14	USM var. 16	USM var. 22	USM var. 24	Mean
No Waterlogged	0.00	0.00	0.00	0.00	0.00	0.00^{a}
VGS (16-23 DAP)	0.60	0.33	0.00	0.07	3.40	0.88^{ab}
VGS (28-35 DAP)	0.93	0.16	0.13	0.50	3.33	1.01^{b}
Tasseling Stage	1.67	6.44	4.57	4.33	3.00	4.42^{c}
Silking Stage	2.20	5.22	5.80	8.03	4.77	5.20^{c}
Mean	1.08^{a}	2.45^{bc}	2.10^{b}	2.59^{bc}	2.59^{c}	

Apêndice Tabela 2f. Análise de variância (ANOVA) da avaliação visual da folha 3 de diferentes
genótipos de milho submetidos ao estresse excessivo de umidade no solo.

Sources of Variation	DF	SS	MS	FC	F- tab a= 0.05%	a= 0.01%
Growth Stages	4	328.520	82.130	102.96**	2.56	3.74
Genotypes	4	39.495	9.874	12.378**	2.56	3.74
Growth Stages X Genotypes	16	96.485	6.030	7.560**	1.86	2.40
Replication	2	1.041	.520			
Error	48	38.289	.798			
Total	75	503.829				

Fases de crescimento CV= 38,34
Genótipos CV= 41,36
* = Significativo ao nível de 5
* *= altamente significativo ao nível 1

Apêndice Quadro 3a. Comprimento da raiz nodal mais longa (cm) de diferentes genótipos de milho submetidos a stress hídrico excessivo no solo.

Growth Stages	Genotypes USM var. 6	USM var. 14	USM var. 16	USM var. 22	USM var. 24	Mean
No Waterlogged	77.78	67.67	55.33	45.33	78.81	69.01[a]
VGS (16-23 DAP)	62.89	68.99	41.33	59.33	59.99	58.51[b]
VGS (28-35 DAP)	43.00	52.95	27.00	52.88	57.00	46.57[c]
Tasseling Stage	32.67	26.67	42.00	27.11	46.11	37.31[d]
Silking Stage	34.56	43.78	52.00	40.55	42.33	42.64[cd]
Mean	50.18[bc]	58.41[a]	43.53[c]	45.02[c]	56.88[ab]	

Apêndice Tabela 3b. Análise de variância (ANOVA) do comprimento da raiz nodal mais longa (cm) de diferentes genótipos de milho submetidos a stress hídrico excessivo no solo.

Sources of Variation	DF	SS	MS	FC	F- tab a= 0.05%	a= 0.01%
Growth Stages	4	9862.546	2465.637	46.675**	2.56	3.74
Genotypes	4	2718.318	679.579	12.865**	2.56	3.74
Growth Stages X Genotypes	16	5289.277	330.580	6.258**	1.86	2.40
Replication	2	30.196	15.098	.286		
Error	48	2535.606	52.825			
Total	74	20435.943				

Apêndice Quadro 4a. Número de raízes nodais em diferentes genótipos de milho submetidos a stress hídrico excessivo no solo.

Growth Stages	Genotypes USM var. 6	USM var. 14	USM var. 16	USM var. 22	USM var. 24	Mean
No Waterlogged	33.78	38.33	29.55	27.45	36.09	33.04[ab]
VGS (16-23 DAP)	23.33	22.00	22.22	31.55	15.11	23.04[d]
VGS (28-35 DAP)	35.00	43.44	21.00	26.20	31.56	31.22c
Tasseling Stage	43.45	52.56	34.00	21.88	29.78	36.33[ab]
Silking Stage	43.67	45.34	35.00	30.11	34.44	37.71[a]
Mean	35.84[a]	40.53[a]	28.36[b]	27.44[b]	29.17[b]	

Apêndice Quadro 4b. Análise de variância (ANOVA) do número de raízes nodais de diferentes genótipos de milho submetidos a stress excessivo de humidade no solo.

Sources of Variation	DF	SS	MS	FC	Perna F a= 0.05%	a= 0.01%
Growth Stages	4	1994.160	498.540	17.058**	2.56	3.74
Genotypes	4	1939.650	484.913	16.591**	2.56	3.74
Growth Stages X Genotypes	16	1815.198	113.450	3.882**	1.86	2.40
Replication	2	135.731	67.865	2.322		
Error	48	1402.880	29.227			
Total	74	7287.619				

Fase de crescimento CV= % (em %)
CV= % genótipos
* = Significativo ao nível de 5
* *= altamente significativo ao nível 1

Apêndice Quadro 5a. Número de nós com raízes adventícias em diferentes genótipos de milho submetidos a stress hídrico excessivo no solo.

Growth Stages	Genotypes USM var. 6	USM var. 14	USM var. 16	USM var. 22	USM var. 24	Mean
No Waterlogged	0.00	0.00	0.00	0.00	0.00	0.00^{b}
VGS (16-23 DAP)	2.78	3.78	3.33	2.99	3.33	3.24^{a}
VGS (28-35 DAP)	3.44	4.78	3.33	3.66	3.00	3.64^{a}
Tasseling Stage	4.11	4.78	3.22	2.55	3.55	3.64^{a}
Silking Stage	4.22	4.56	3.45	2.33	3.56	3.62^{a}
Mean	2.91^{b}	3.57^{a}	2.67^{ab}	2.31^{c}	2.69^{ab}	

Apêndice Tabela 5b. Análise de variância (ANOVA) do número de nós com raízes adventícias para diferentes genótipos de milho submetidos a stress excessivo de humidade no solo.

Sources of Variation	DF	SS	MS	FC	Perna F a= 0.05%	a= 0.01%
Growth Stages	4	151.958	37.990	172.572**	2.56	3.74
Genotypes	4	13.274	3.318	15.075**	2.56	3.74
Growth Stages X Genotypes	16	11.422	.714	3.243**	1.86	2.40
Replication	2	.191	.095			
Error	48	10.567	.220			
Total	74	187.411				

Apêndice Quadro 6a. Altura da planta (cm) de diferentes genótipos de milho sob stress de humidade excessiva no solo.

Growth Stages	Genotypes USM var. 6	USM var. 14	USM var. 16	USM var. 22	USM var. 24	Mean
No Waterlogged	163.67	184.83	172.9	160.47	151.03	166.47^{a}
VGS (16-23 DAP)	158.30	179.97	159.57	142.33	146.80	157.53^{ab}
VGS (28-35 DAP)	153.67	159.07	143.57	160.70	122.53	147.91^{c}
Tasseling Stage	163.80	167.93	165.00	144.37	144.80	157.13^{b}
Silking Stage	159.10	169.70	165.9	157.47	147.80	160.19^{ab}
Mean	159.79^{b}	172.50^{a}	161.28^{b}	153.06^{b}	142.59^{c}	

Apêndice Tabela 6b. Análise de variância (ANOVA) da altura da planta (cm) de diferentes genótipos de milho submetidos ao stress excessivo de humidade no solo.

Sources of Variation	DF	SS	MS	FC	F- tab a= 0.05%	F- tab a= 0.01%
Growth Stages	4	2690.116	672.529	8.899**	2.56	3.74
Genotypes	4	7287.151	1821.788	24.106**	2.56	3.74
Growth Stages X Genotypes	16	2715.107	169.694	2.245*	1.86	2.40
Replication	2	54.862	27.431			
Error	48	3627.511	75.573			
Total	74	16374.747				

Fases de crescimento CV= 5,51
Genótipos CV= 5,51
* = Significativo ao nível de 5
* *= altamente significativo ao nível 1

Apêndice Quadro 7a. Comprimento da espiga (cm) de diferentes genótipos de milho em condições de excesso de humidade no solo
Stress.

Growth Stages	Genotypes USM var. 6	USM var. 14	USM var. 16	USM var. 22	USM var. 24	Mean
No Waterlogged	12.55	12.37	13.90	13.62	36.16	12.90^{a}
VGS (16-23 DAP)	9.14	12.09	11.74	11.03	36.17	11.21^{bc}
VGS (28-35 DAP)	9.55	12.28	11.43	12.77	27.93	11.07^{bc}
Tasseling Stage	10.60	10.44	12.06	6.36	35.46	10.26^{c}
Silking Stage	10.86	10.90	12.83	12.53	36.62	11.87^{ab}
Mean	10.54^{b}	11.62^{ab}	12.39^{a}	11.26^{b}	11.49^{ab}	

Apêndice Tabela 7b. Análise de variância (ANOVA) do comprimento da espiga (cm) de diferentes genótipos de milho submetidos a stress de humidade excessiva no solo.

Sources of Variation	DF	SS	MS	FC	F- tab a= 0.05%	F- tab a= 0.01%
Growth Stages	4	58.515	14.629	12.776**	2.56	3.74
Genotypes	4	26.745	6.686	5.839**	2.56	3.74
Growth Stages X Genotypes	16	102.217	6.389	5.580**	1.86	2.40
Replication	2	.549	.274			
Error	48	54.960	1.145			
Total	74	242.985				

Fases de crescimento CV= 9,34
Genótipos CV= 9,34
* = Significativo ao nível de 5
* *= altamente significativo ao nível 1

Apêndice Quadro 8a. Peso de mil graos (g) de diferentes genótipos do milho em condições de excedente
Stress devido à humidade do solo.

Growth Stages	Genotypes USM var. 6	USM var. 14	USM var. 16	USM var. 22	USM var. 24	Mean
No Waterlogged	251.07	332.13	283.27	258.63	378.87	300.79[a]
VGS (16-23 DAP)	199.1	255.40	234.30	240.37	271.83	240.20[b]
VGS (28-35 DAP)	234.73	276.17	170.50	237.77	250.60	233.95[b]
Tasseling Stage	192.07	0.00	184.37	0.00	250.73	125.43[c]
Silking Stage	171.2	201.50	261.63	242.67	698.80	221.99[b]
Mean	209.63[b]	213.04[b]	226.81[b]	195.89[b]	276.99[a]	

Apêndice Tabela 8b. Análise de variância (ANOVA) do peso de mil grãos (g) de diferentes genótipos de milho submetidos a stress de humidade excessiva no solo.

F- Fontes de variação	DFSSMS		FC tab		a= 0,05% a= 0,01%
Growth Stages	4	239655.689	59913.922	51.694	
Genotypes	4	58979.553	14744.8888	12.722	
Growth Stages X Genotypes	16	183690.297	11480.644	9.905	
Replication	2	2232.802	1116.401		
Error	48	55632.945	1159.020		
Total	74	540191.287			

Apêndice Quadro 9a. Diâmetro da espiga (cm) de diferentes genótipos de milho em solos excedentários

exposição à humidade.

	Genotypes					
Growth Stages	USM var. 6	USM var. 14	USM var. 16	USM var. 22	USM var. 24	Mean
No Waterlogged	4.10	4.04	4.20	4.03	3.87	4.05[a]
VGS (16-23 DAP)	3.54	3.76	3.58	3.94	3.50	3.66[b]
VGS (28-35 DAP)	3.73	3.68	3.13	3.74	3.50	3.56[b]
Tasseling Stage	3.89	1.88	3.33	1.57	3.51	2.83[c]
Silking Stage	3.78	3.25	3.67	4.07	3.68	3.68[b]
Mean	3.80[a]	3.33[bc]	3.58[ab]	3.47[c]	3.61[ab]	

Apêndice Tabela 9b. Análise de variância (ANOVA) do diâmetro da espiga (cm) de diferentes genótipos de milho submetidos a stress de humidade excessiva no solo.

Sources of Variation	DF	SS	MS	FC	F- tab a= 0.05%	a= 0.01%
Growth Stages	4	11.945	2.986	54.130**	2.56	3.74
Genotypes	4	1.857	.464	8.418**	2.56	3.74
Growth Stages X Genotypes	16	13.413	.838	15.196**	1.86	2.40
Replication	2	.092	.046			
Error	48	2.648	.055			
Total	74	29.955				

Fases de crescimento CV= 6,54
Genótipos CV= 6,54
* = Significativo ao nível de 5
* *= altamente significativo ao nível 1

Apêndice Quadro 10a. Número de grãos por espiga de diferentes genótipos de milho sob stress hídrico excessivo no solo.

Growth Stages	Genotypes USM var. 6	USM var. 14	USM var. 16	USM var. 22	USM var. 24	Mean
No Waterlogged	336.97	276.49	271.53	301.34	248.07	286.88[a]
VGS (16-23 DAP)	222.50	198.71	179.91	157.42	238.62	193.36[b]
VGS (28-35 DAP)	228.73	189.27	179.09	221.27	166.49	196.97[b]
Tasseling Stage	269.81	0.00	187.03	0.00	205.44	139.56[c]
Silking Stage	277.14	195.45	197.53	233.36	239.27	228.55[b]
Mean	260.96[a]	182.42[c]	203.01[ab]	182.68[bc]	216.25[ab]	

Apêndice Tabela 10b. Análise de variância (ANOVA) do número de grãos por espiga de diferentes genótipos de milho submetidos ao estresse excessivo de umidade no solo.

Sources of Variation	DF	SS	MS	FC	F- tab a= 0.05%	F- tab a= 0.01%
Growth Stages	4	197945.535	49486.384	47.063**	2.56	3.74
Genotypes	4	72470.069	18117.517	17.230**	2.56	3.74
Growth Stages X Genotypes	16	154435.991	9652.249	9.18**	1.86	2.40
Replication	2	933.036	466.518			
Error	48	50471.164	1052.483			
Total	74	476255.795				

Apêndice Quadro 11a. Número de filas de grãos por espiga para diferentes genótipos de milho sob

Stress devido à humidade excessiva do solo.

Growth Stages	Genotypes USM var. 6	USM var. 14	USM var. 16	USM var. 22	USM var. 24	Mean
No Waterlogged	14.55	14.05	13.51	11.83	12.87	13.36[a]
VGS (16-23 DAP)	12.53	12.03	11.68	8.95	12.64	11.57[c]
VGS (28-35 DAP)	13.58	12.49	11.60	11.22	12.64	12.31[bc]
Tasseling Stage	14.44	0.00	12.00	0.00	12.10	8.53[d]
Silking Stage	14.48	13.05	12.95	9.92	12.10	12.67[ab]
Mean	13.92[a]	11.14[c]	13.35[b]	8.38[d]	12.64[b]	

Apêndice Tabela 11b. Análise de variância (ANOVA) do número de fileiras de grãos por espiga de

diferentes genótipos de milho sob stress de humidade excessiva no solo.

Sources of Variation	DF	SS	MS	FC	F- tab a= 0.05%	a= 0.01%
Growth Stages	4	297.843	74.461	109.207**	2.56	3.74
Genotypes	4	284.233	71.058	104.217**	2.56	3.74
Growth Stages X Genotypes	16	406.199	25.387	37.234**	1.86	2.40
Replication	2	6.254	3.127			
Error	48	35.728	.682			
Total	74	1027.257				

Fases de crescimento CV= 7,39

Genótipos CV= 7,23

*= Significativo ao nível de 5

**= altamente significativo ao nível 1

*

*Apêndice Quadro 12a. Peso da espiga (g) de diferentes genótipos de milho sob stress de humidade excessiva do solo

*

Growth Stages	Genotypes USM var. 6	USM var. 14	USM var. 16	USM var. 22	USM var. 24	Mean
No Waterlogged	95.29	98.72	100.93	178.63	99.35	116.55[a]
VGS (16-23 DAP)	55.95	77.01	63.98	96.42	82.23	75.72[b]
VGS (28-35 DAP)	62.48	70.46	58.77	131.51	54.90	77.45[b]
Tasseling Stage	7040	22.10	70.69	7.24	63.45	47.28[c]
Silking Stage	73.11	55.48	83.99	136.71	81.10	86.23[b]
Mean	71.45[b]	64.73[b]	78.27[b]	108.96[a]	79.82[b]	

Apêndice Tabela 12b. Análise de variância (ANOVA) do peso da espiga (g) de diferentes genótipos de milho submetidos a stress de humidade excessiva no solo.

Sources of Variation	DF	SS	MS	FC	F- tab a= 0.05%	a= 0.01%
Growth Stages	4	40872.472	10218.118	23.173**	2.56	3.74
Genotypes	4	19109.701	4777.425	10.834**	2.56	3.74
Growth Stages X Genotypes	16	37621.746	2351.359	5.332**	1.86	2.40
Replication	2	1165.428	582.714			
Error	48	21165.696	440.952			
Total	74	119935.053				

Fases de crescimento CV= 26,11
Genótipos CV= 22,17
* = Significativo ao nível de 5
* *= altamente significativo ao nível 1

* Apêndice Quadro 13a. Clorofila total (mg/g FW) de diferentes genótipos de milho sob stress de humidade excessiva no solo.

Growth Stages	Genotypes USM var. 6	USM var. 14	USM var. 16	USM var. 22	USM var. 24	Mean
No Waterlogged	1.31	1.15	1.34	1.07	1.08	1.19[a]
VGS (16-23 DAP)	0.87	0.73	0.84	0.88	1.06	0.87[bc]
VGS (28-35 DAP)	1.51	1.12	1.29	1. 16	1.21	1.26[a]
Tasseling Stage	1.17	0.95	0.99	0.70	0.97	0.96[b]
Silking Stage	0.98	0.61	1.16	0.47	0.55	0.75[a]
Mean	1.17[a]	0.91[c]	1.13[ab]	0.89[c]	0.97[bc]	

Apêndice Tabela 13b. Análise de variância (ANOVA) da clorofila total (mg/g FW)) de diferentes genótipos de milho submetidos a stress por humidade excessiva do solo.

Sources of Variation	DF	SS	MS	FC	F- tab a= 0.05%	a= 0.01%
Growth Stages	4	2.708	.677	23.927**	2.56	3.74
Genotypes	4	1.107	.277	9.778**	2.56	3.74
Growth Stages X Genotypes	16	.981	.061	2.166*	1.86	2.40
Replication	2	.079	.039	1.390		
Error	48	1.358	.028			
Total	74	6.233				

Fases de crescimento CV= 16,63
Genótipos CV= 16,63
* = Significativo ao nível de 5
* * *= altamente significativo ao nível 1

Printed by Books on Demand GmbH, Norderstedt / Germany